岩土体锚固与动态施工力学

孙 凯 孙学毅 著

科 学 出 版 社
北 京

内 容 简 介

本书共分两篇，第一篇（第 1 章～第 3 章）介绍岩土体锚固，分为锚杆、锚索、锚杆墙研究，论述最大张力线是锚杆墙设计理论依据。篇中提出面层具有传递应力、转移能量作用；将锚杆墙视为由土体与锚杆组成的复合材料构筑物；研究其应力-应变曲线；并根据求得的锚索应力分布规律，研制压剪筒压力型锚索。第二篇（第 4 章～第 10 章）介绍岩土体动态施工力学。动态施工力学是岩土锚固进一步的拓展。篇中把岩土体开挖引起的时空效应作为目标函数，提出支护结构力学特性必须与其相响应；论述安全系数的动态性、动态下的朗肯土压力以及叠加原理、圣维南原理在动态施工力学中的应用；指出平衡条件相反、应变相容条件不同的支护结构不能直接结合。

本书可供岩土工程及相关专业、岩土加固设计的科学研究人员、工程技术人员，以及高等院校相关专业的师生参考。

图书在版编目（CIP）数据

岩土体锚固与动态施工力学/孙凯，孙学毅著. —北京：科学出版社，2021.6
ISBN 978-7-03-067568-2

Ⅰ. ①岩…　Ⅱ. ①孙…　②孙…　Ⅲ. ①岩土工程-高等学校-教材
Ⅳ. ①TU4

中国版本图书馆 CIP 数据核字（2021）第 006007 号

责任编辑：王杰琼 / 责任校对：马英菊
责任印制：吕春珉 / 封面设计：青研工作室

科学出版社 出版
北京东黄城根北街 16 号
邮政编码：100717
http://www.sciencep.com
北京九州迅驰传媒文化有限公司 印刷
科学出版社发行　各地新华书店经销
*
2021 年 6 月第　一　版　开本：B5（720×1000）
2021 年 6 月第一次印刷　印张：11 1/2
字数：138 000

定价：88.00 元

（如有印装质量问题，我社负责调换〈九州迅驰〉）
销售部电话 010-62136230　编辑部电话 010-62135319-2031

序 一

喜读由挚友孙学毅先生及其爱子孙凯共同执笔撰写的新作，我对该书中反映的学术成果深表祝贺。

该书第一篇为岩土体锚固（第 1 章～第 3 章）。其中，第 1 章介绍孙学毅参加第一届国际岩石锚固学术会议时发表的论文所提出的重要论点，即埋设在岩土体中的全长锚固砂浆锚杆由于杆体弹性模量远大于岩土体变形模量，通过两者间砂浆的黏结作用，在与岩土体共同变形过程中锚杆杆体能有效起到约束岩土介质自由变形的作用。这一论点，引起了当时欧美岩土力学业界的重视。法国学者 1986 年开始进行试验研究土钉墙（soil nail walls）；随后，德国和美国学者也相继进行了此类研究。孙学毅提出锚杆的受力状态还取决于锚杆与岩土体共同变形过程中产生的位移差。孙学毅将这种位移作为未知量，先求出位移，再用应变与胡克定律求解锚杆拉应力，这种解法有一定新意。孙学毅研发的量测锚杆在工程中很有实用价值。到目前为止，锚杆墙设计计算依据仍然是该书作者在书中提出的“中性点”的概念，即将中性点外侧称作锚杆墙的活动区，中性点内侧称作锚杆墙的抵抗区，各中性点的连线称为最大张力线。锚杆墙的设计可依据最大张力线做计算。在第 2 章中，该书作者把压力型锚索归结到 Kelvin 问题，即假设锚固体的总压缩量等于锚固端的总位移，建立较完备的微分方程，求解得出压力型锚索锚固端其剪应力和轴向力的分布规律，在此基础上研制出压剪筒压力型锚索和扩大头压剪筒压力型锚索。这两种结构的压力型锚索已广泛用于岩锚和土锚工程。第 3 章对锚杆墙进行研究。孙学毅在国内首先提出将锚杆和土体组合视为一种单向连续锚杆增强复合材料，并研究这种复合材料的应力-应变曲线。作者强调锚杆墙施工过程中土体由上而下开挖、安装锚杆是一个应力重新分布的过程。

第二篇为岩土体动态施工力学（第 4 章～第 10 章）。篇中提出支护结构的力学特性应与岩土体开挖引起的时空效应相响应；与主体支护结构组合的支护结构力学特性应与主体结构相匹配的论述充分体现出动态设计的理念，值得借鉴。该篇将叠加原理、圣维南原理用于动态施工力学，有助于解决复杂的边界问题；提出的“平衡条件相反、应变相容条件不同的两种支护结构不能直接组合”的论述具有理论价值，对指导工程设计也有实际意义。

该书虽然篇幅不多，但是观点鲜明、立论有据，十分难能可贵。希望日后如有机会能有针对性地再辅之以更多的现场实测验证。相信业界同人都将热切期待，是为序。

中国科学院院士

同济大学博士研究生导师

孙钧

2020 年仲夏

于沪滨同济园

序　二

该书作者长期从事锚杆、锚索岩土锚固体的力学机理研究、监测和工程设计与施工工作，研究成果很多，但突出的有如下四点。

（1）根据我国在地下工程中观测得到的全长锚固锚杆受力曲线，孙学毅提出设置在岩土体内的锚杆由于杆体弹性模量远大于岩土体变形模量，在锚杆与岩土体共同变形中锚杆起到约束岩土体变形的作用。孙学毅分析观测到的锚杆受力曲线后得出：离开巷道表面一定距离处锚杆体轴力最大，侧壁剪应力为零，称该点为中性点（最大张力点）。这一论点受到第一届国际岩石锚固学术会议与会的欧洲、美国、日本、澳大利亚等学者赞同。上述分析的是单根锚杆的受力情况，若将空间同一垂直面上锚杆最大张力点联结起来就是最大张力线。目前美国、法国、德国等学者已将最大张力线作为设计锚杆墙的理论基础，并编入锚杆墙设计、施工与监测等相关手册。

（2）近年来该书作者又将上述成果进一步扩展。在国内首次把锚杆和土体组合，视为一种单向连续锚杆增强复合材料，并研究其应力-应变曲线，得出开挖对复合材料是一种受力过程，当复合材料应力-应变曲线发展到第Ⅱ阶段，锚杆变形仍是弹性的，但土体的变形是非弹性阶段。第Ⅱ阶段应力-应变曲线的大部分显示的也是复合材料主要服役阶段。在面层组合作用下，复合材料应力-应变曲线发展到第Ⅲ阶段，此时锚杆和土体的变形都是非弹性的。在这个阶段的前半部分复合材料仍在服役。由此该书作者提出应采用极限分析方法研究锚杆墙的稳定。这些研究成果扩展了岩土弹塑性理论在工程中的应用，其研究方向是正确的，也给今后研究工作留下空间。

（3）介绍该书作者在预应力锚索方面的研究成果。该书作者用 Kelvin 问题位移解分析压力型锚索受力过程，在此基础上研制一种压剪筒压力型锚索，并在工程应用中受到欢迎和好评。

（4）该书第二篇重点介绍岩土体动态施工力学，这是继朱维申教授之后少见的岩土体动态施工力学方面的论述。该书作者善于学习、运用和分析。动态安全系数、动态朗肯土压力的内容是有新意的，也是实用的。该书作者所撰写锚杆墙面层作用分析（弹塑性分析）（附录 2）是具有前沿性的内容，为今后这方面研究留下了空间。

该书两位作者是我国早期研究锚杆、锚索、岩土锚固体理论与工程应用的学者和工程技术人员，书的篇幅虽然不长，但观点明确，立论有据，尤其是提倡极限分析方法，符合岩土弹塑性理论，该书的出版将会使我国岩土工程人员受益良多，是为序。

中国工程院院士

中国人民解放军后勤工程学院军事土木工程系

教授、博士生导师

郑颖人

2020 年 10 月

序　三

该书作者长期从事岩土工程领域的科学研究和工程实践工作，特别在锚杆、锚索等岩土锚固研究与应用方面做出了突出的业绩。

早在20世纪80年代初，孙学毅就明确指出设置在地下工程或地面基坑工程、边坡工程岩土体中的全长锚固锚杆只有在与岩土体共同变形过程中才受力，这是由于锚杆体的弹性模量远大于岩土体的变形模量。因此，在与岩土体共同变形过程中锚杆起约束岩土体变形和破坏的作用，从而正确阐明全长锚固锚杆的工作机理。同时，作者根据最小势能原理，提出用位移表示的锚杆受力模型；并研制出一种用于工程中的量测锚杆，根据现场测得的锚杆体伸长量求算锚杆受力，从而为锚杆的优化设计和工程布置提供可靠的依据。

锚索是向岩土体主动提供预应力(压力)来改善岩土体的受力状态。作者根据弹性力学空间问题建立较完备的锚索受力分析的微分方程，并根据分析结果研制出一种压剪筒压力型锚索。压剪筒压力型锚索在内锚端处增加一段无缝钢管承担压力（预应力)，避免了内锚端砂浆锚固体被压坏，同时也使内锚端处剪应力得到分散。所以，压剪筒压力型锚索也称为物理压力分散型锚索。在压剪筒压力型锚索基础上提出扩大头压剪筒压力型锚索。

近50年来，在地下、地面岩土工程中，锚杆、锚索被广泛应用于岩土体锚固。作者在所承担的多项岩土工程中，为充分发挥锚杆、锚索的加固作用做了大量卓有成效的工作，为推广该技术发挥了积极作用。

该书第二篇介绍岩土体动态施工力学。这部分内容是第一篇内容的必然延续和发展。该书作者提出“平衡条件相反、应变相容条件不同的两种支护结构不能直接组合”的论述既有理论价值，又有工程实际意义，值得进一步研究和应用。

该书作者为父子二人，他们前赴后继，为岩土工程的创新研究与工程应用作出了积极贡献，值得岩土工程领域青年科技工作者学习。该书是在大量的工程实践基础上总结凝练而成，值得本领域的科研、教学和工程技术人员阅读、参考和借鉴。

中国工程院院士

[signature]

2019年10月

于北京

序　四

在锚杆墙研究中，作者根据实测结果提出面层具有传递应力和转移能量作用，这一论述可为今后锚杆墙设计提供理论依据。

该书作者在边坡加固设计前进行动态规划，应用叠加原理、圣维南原理在国内属首次。这种构思符合岩土体动态施工力学原理，对今后岩土体加固设计、选择支护结构及其组合具有指导意义。

该书作者根据我国在地下工程中观测得到的全长锚固锚杆受力曲线，提出设置在岩土体内的锚杆由于杆体弹性模量远大于岩土体变形模量，在与岩土体共同变形中起约束岩土体变形作用，得出离开巷道表面一定距离处锚杆体轴力最大、侧壁剪应力为零，称该点为中性点（最大张力点）。这一论点受到同行一致认可。

该书作者分析的是单根锚杆的受力，若将空间同一垂直面上锚杆最大张力点联结起来就是最大张力线。目前美、法、德等国学者已将最大张力线作为设计锚杆墙的理论基础。美国交通部联邦公路总局 1996 年编写的 *Manual for Design and Construction Monitoring of Soil Nail Walls*（《土钉墙设计施工与监测手册》）已把这一观点规范化了。

近年来该书作者把锚杆和土体组合视为一种单向连续锚杆增强复合材料，并研究了它的应力-应变曲线，认为开挖对复合材料是受力过程，应力-应变曲线在塑性阶段锚杆发挥很大作用，因此作者提出的用极限分析方法研究锚杆墙的稳定很有价值。

此外，该书作者还对预应力锚索进行了研究。用开尔文问题位移解分析了压力型锚索受力所得结果在力学上是通得过的，并在此基础上研制一种压剪筒压力型锚索，在工程应用中受到好评（书中有工程实例）。

中国科学院武汉岩土力学研究所前所长
国际岩石力学学会前主席
国际地质工程联合会主席团成员
中国岩石力学与工程学会理事长
《岩石力学与工程学报》主编
东北大学副校长、教授，博士生导师
中国工程院院士
冯夏庭

2019年12月

序　五

孙凯、孙学毅二位岩土工程专家撰写的《岩土体锚固与动态施工力学》一书，在我国岩土工程界是一本值得阅读和参考的好书。对近年岩土施工中频繁出现事故的当下，更具有现实的指导意义。

岩土体是大自然形成的一种十分繁杂的介质，与人工材料（钢铁、混凝土、木材等）完全不同，其具有成分和性质分布的不均匀性和不确定性。岩土体受到其中的缺陷（如节理、孔隙等）影响，不仅在力学性质和参数上有离散型，还受到所处环境中物理化学条件的影响，特别是在开挖支护工作中，这些应力条件和物理化学条件又要发生变化（如应力状态的改变，水文条件的改变）。因此严格来讲，应在工程施工之前，事先做好各种方案比选，并对众多施工方案进行优化分析。在当时掌握资料的条件下，分析若干可能种类的施工设计方法，比较施工实施的效果，进行技术经济比较，从中选择一个较优的设计和施工方案来开展施工工程。这是动态施工力学的一个重要方面。

本人在20世纪80年代，已开始认识到，对大型和复杂的岩土工程，应采用动态施工力学的理念来进行分析。这样可以更为科学合理地进行工程的设计和施工，以期达到经济、技术和安全的综合优化结果。

动态施工力学的核心思想有两方面。一方面，是要求在工程施工之前，需事先进行优化分析，对即将可能采用的施工方案、方法及措施进行比较和优选。由于有可能可选的方案较多，这时就应采用近年发展很快的人工智能方法来做比选。可以采用局部最优化方法，这样较为简单、快捷，也可采用更高级的全局最优法，这样效果更好。但操作起来较为麻烦，即要求的数据量更多。究竟采用哪种方法，要看具体情况和所要求的高度了。另一方面，是在优化方案指导下开展施工，但这也不是一成不变的。施工方的技术人员，应根据围岩的变化和动态施工情况（包括监测资料）来判断是否需要对原方案进行调整（如开挖顺序、支护方法等）。这就是新奥法中的一个核心。但那时没有提出事先进行施工方案的优化分析。而动态施工力学，则认为围岩和支护是一个开放的系统。此时该系统也是非线性的，不同方案会有不同结果。

该书将动态施工力学做了扩展，把岩土体的施工动态和支护相结合，分析研究深基坑工程的相关问题。同时在支护方法上较全面地考虑了锚杆、锚索和抗滑桩的作用，并且提出了安全系数也应考虑动态调整。该书作者将圣维南原理的概念扩展到说明弹塑性的问题，这也是一种有益的探索。

总而言之，该书作者做了十分有意义的探索。对此领域的工程学科发展有一定的推动作用。但本人也希望该书作者及相关工程技术和科研工作者，能在今后更清楚地认识到锚固的效果，因为岩土体不仅是施加了一个主动力或被动力，还能提高岩土体的抗剪强度和抗拉强度，以及提高岩体刚度和强度的加固作用。如果有了这个思路，在设计和采用支护方法时，出发点是有区别的。本人曾发表过一些研究结果，说明地下工程锚固具有提高岩土刚度和强度的作用。这种作用比施加主动力和被动力对岩土体的稳定性和加固作用要大得多。在许多情况下，其加固作用可达到4～5倍以上。

此外，该书作者指出一个值得岩土工程界应予以重视的问题，即通常人们较为重视实用技术，对科学理论及技术创新则重视不够。因此，我国的科学家和工程师还需在这方面有更多投入，并大力提倡重视科学技术创新。不能只知其然，而不知其所以然。

该书作者就是在“所以然”方面，在岩土工程界中向前迈出了重要一步，值得鼓励和赞扬。希望工程界有更多的创新思想脱颖而出。

中国科学院武汉岩土力学研究所前副所长

山东大学教授，博士生导师

朱维申

2020年4月

序　六

岩土工程问题不是一个状态问题，而是一个过程问题。隧道与基坑极少是在最后竣工时或运行时发生工程事故，大多是在施工期出现问题。

在经典土力学中，是将土的变形与强度截然分开：用线弹性理论计算土体的附加应力及变形或沉降，而对于破坏区或滑动面的土体，则是用极限平衡分析土体的稳定与破坏。在 20 世纪 60～80 年代，随着计算技术的迅速发展，兴起了岩土本构关系理论的研究热潮。人们通过对岩土的试验、理论和数值计算研究，逐渐认识到岩土的变形与破坏（强度）是一个应力-变形过程的不同阶段，所谓土的破坏是在施加一个微小的应力增量时，将会引起很大的或者不可控的应变增量。这一认识启发了人们将岩土工程看成是一个过程，而不是只孤立地关注与分析其极限平衡状态。因此，现在往往通过监测岩土体的变形量和变形速度，作为施工期事故的预警。

岩土材料的应力-应变特性取决于其应力水平，随着其应力水平的增加，其弹性模量不断减小，当其弹性模量趋于零时，意味着岩土材料被破坏。这反映了岩土材料变形的非线性和弹塑性。

土的变形特性也与其应力路径有关，特别是饱和黏性土，加压的应力路径会产生正的超静孔压，而减载（如基坑开挖）会产生负的超静孔压。超静孔压严重影响土的抗剪强度，因此在土方施工中“慢填快挖”是更安全、合理的。不合理的应力路径常会引起工程事故，北京某工程的基坑采用复合土钉墙支护，在开挖过半时，又决定将突出于基坑内的部分裁弯取直，于是便拆除已完成的土钉和锚杆，开挖部分土体，施工新的土钉和锚杆，结果这部分土体不堪其扰动而垮塌，危及相邻建筑物，造成严重工程事故。

岩土的本构关系就是其应力-应变-强度-时间的关系，岩体中的隧洞开挖会引起应力释放，岩石的流变性会使其变形，并使围压变化持续很长时间；在高饱和度黏土上的建筑物施工引起的超静孔压在完工后较长时间内才会逐渐消散，同时伴随着土的强度和地基承载力的增加，也将产生长期的工后沉降。因此，不同的施工速度与施工次序应采用不同的抗剪强度确定其承载力。

岩土工程对于边界条件也是十分敏感的，尤其是饱和的软土地基。在我国南方的软土地基中的地铁和基坑工程中，一些岩土工程科技人员提出了“时空效应”的概念，很好地应用于工程实践中，但也有忽视这方面问题而失败的案例。例如，杭州地铁一号线湘湖车站的北二基坑位于淤泥质土地基，原定于 120m 分为六段分期分段开挖施工，但在完成最北 20m×20m 的一段后，其他五段几乎同时开挖到坑底高程，结果在开挖最后一层土时，基坑全面垮塌，造成严重的人员伤亡。很多条形基坑工程事故都表明，最先破坏的往往是在长边的中点处，那里的边壁约束最小，变形量最大。

岩土工程是一个过程，不仅在于动态施工，也包括动态设计。新奥法就是设计、施工一体化的理论方法。工程开发工作人员应充分发挥围岩的自承载能力，适时施加最优化的喷锚支护，控制围岩的变形和应力释放，达到共同作用下的新的平衡。在土钉和锚杆支护的基坑工程中，杨光华提出增量法的设计理念，就是认为由于岩土材料的非线性与施工的不确定性，某一个结构与构件最危险的工况不一定是在基坑开挖到设计坑底时，而是在开挖到某一个深度时。

太沙基讲过“Geotechnology is an art rather than a science”，也就是著名的岩土工程艺术论。现代岩土工程的艺术性逐渐为人们所理解。地下工程与基坑工程的逆作与半逆作，充分体现了时空效应理论，如同指挥一个庞大的交响乐队，精准地、适时地、有序地加载、开挖、支护，演奏出一个精美的乐章。这就要求工程师对于岩土材料性质有透彻的理解和准确的把握，需要在艰苦的工程实践中积累丰富的经验，需要勤于思考、善于总结、重视监测、灵活运用及果断决策。

岩土工程之所以是一个过程，是因为岩土材料性质的复杂性、影响因素的多样性和天然材料的不可确知性，即不可能事先精准地、定量地给出最合理的施工方案和程序，因此，施工中的监测是必不可少的。精细的监测有助于判断可能的工程事故、随后的工程决策、检验此前的设计计算的合理性，以及分析获得重要的工程参数。刘建航院士也曾在上海地铁施工中总结出“理论导向，实测定量，经验判断，检验验证”这一宝贵的动态施工的理论与经验。

岩土工程的动态设计与动态施工是一个广袤的领域，也是一个庞大的系统工程，有待于我们更深刻地理解与掌握。该书主要侧重于与锚固工程有关的动态施工。该书作者有着长期在地下工程方面的施工经验，对于岩土工程的动态工程也具有深刻的理解。书中分析了隧洞施工的新奥法基本理论基础，指出了我国学者在这一领域的贡献；说明了在开挖过程中土体变形与锚杆受力间的关系，也指出岩土工程桩不是只有一个安全系数，而是一个动态变化的过程；同时也说明了各种承载构件相互叠加的条件和渐进破坏的问题；书中指出，朗肯的主动土压力与被动土压力仅仅是处于极限状态的土压力，挡土结构实际承受的土压力绝大多数是处于不同位移与变形的土压力。这些内容表明了该书作者的见解，对于岩土工程技术人员具有重要的参考价值。

清华大学教授，博士生导师

李广信

2020年4月

于清华园

前　言

1983 年孙学毅在英国伦敦召开的第一届国际岩石锚固学术会议上发表《全长锚固锚杆受力分析》一文（Sun，1983），提出：设置在岩土体工程中的全长锚固锚杆与岩土体共同变形过程中受力，起约束岩土体变形作用。这是因为锚杆体弹性模量远大于岩土体的变形模量，在共同变形过程中起约束岩土体变形的作用。锚杆对岩土体提供的锚固力决定于锚杆位移与岩土体位移差。这一论点受到与会者认可。1986 年法国学者开始进行试验研究，证实了这一论点，德国、美国学者在之后的 7 年内以此为依据修建了几十座锚杆墙。1996 年美国交通部联邦公路总局编写《土钉墙设计施工与监测手册》，书中设计的理论基础就是孙学毅提出的最大张力点（中性点）这一重要论点。

鉴于此，孙凯在原有基础上研究，并整理 1984～2015 年其与父亲的研究成果撰写成书，主要内容包括以下几个方面。

一、从变分原理出发，以位移作为未知量，建立平衡方程。如此，将力学上的平衡问题归结为数学上的极值问题即变分问题，使论点在理论方面提高一步。

二、研制一种钢管端锚预应力注浆锚杆（孙学毅 等，1985）。该锚杆支护机理适应岩体的大变形。它的安装分两个阶段，即初期端锚预应力和后期注浆实现全长锚固。此项技术成功应用于山东小官庄铁矿巷道（安装 3600 根锚杆，支护巷道长 340m）。这种锚杆与锚索组合加固山体大边坡会产生较好的效果。它的安装工艺使锚索与锚杆组合由相克转变为互补。这是因为初期安装端锚产生的预应力，克服了锚索预应力的不足，后期注浆在锚索预应力张拉、锁定之后进行，有效地加固锚索间空的岩体，如此形成互补。

三、将压力型锚索内锚端受力归结到弹性力学开尔文空间问题。建立较完备的微分方程，求得压力型锚索受力端轴向力 σ 和侧壁剪应力 τ 的分布规律。在此基础上提出一种压剪筒压力型锚索，很受工程界欢迎。在此基础上又研制一种扩大头压剪筒压力型锚索（孙凯 等，2008）。

四、将锚杆和土体组合视为一种单向连续锚杆增强复合材料并研究这种复合材料的应力-应变曲线。结果表明锚杆与土体组成复合材料在工程中主要服务阶段是弹塑性变形阶段。随着墙体的增高，锚杆墙的弹塑性区逐渐向墙体内部转移，在面层作用下锚杆体内的最大张力点逐渐向墙体内部移动。在上述分析基础上孙凯提出今后应更多地从塑性分析来研究锚杆墙，而不能只停留在极限平衡状态的研究。本书作者所做的上述研究仅是抛砖引玉，分析时难免有不严谨之处。

本书特别感谢孙学毅的师长林韵梅教授，以及刘宝琛院士、孙钧院士、傅作新教授、王明恕教授，是他们30年前启发孙学毅对锚杆、锚索的兴趣并对其进行研究指导，感谢多年来师长们对孙学毅和孙凯不断指引。

目　　录

第一篇　岩土体锚固

第二篇　岩土体动态施工力学

第一篇　岩土体锚固

第 1 章　锚 杆 研 究

1.1　全长锚固锚杆

1.1.1　势能原理分析

对锚杆的受力分析常采用直观的力的平衡来推导平衡方程，但工程实践中在现场测得的往往是全长锚固锚杆的位移。基于此，本书作者根据最小势能原理导出平衡方程。

由弹性力学可知，当一质点在外力 F 作用下移动距离 $\mathrm{d}u$，若力与位移的方向一致，则所做的功 $\mathrm{d}W$ 等于

$$\mathrm{d}W = F \cdot \mathrm{d}u$$

质点的势能 $\mathrm{d}E_{\mathrm{p}}$ 为

$$\mathrm{d}E_{\mathrm{p}} = -\mathrm{d}W = -F \cdot \mathrm{d}u \tag{1-1a}$$

或

$$\frac{\mathrm{d}E_{\mathrm{p}}}{\mathrm{d}u} = -F \tag{1-1b}$$

积分后得

$$E_{\mathrm{p}} = -\int F \mathrm{d}u + E_{\mathrm{p0}} \tag{1-2}$$

其中 E_{p0} 是一个积分常数，表示某一基准势能。不妨取 $E_{\mathrm{p0}} = 0$，因此，若已知势能 E_{p}，则微分一次并取反号即得力 F。

根据式（1-1b），势能与力的关系为

$$F = -\frac{\mathrm{d}E_{\mathrm{p}}}{\mathrm{d}u}$$

因此，力平衡方程 F=0，即 $\frac{\mathrm{d}E_{\mathrm{p}}}{\mathrm{d}u} = 0$，二阶导数

$$\frac{\mathrm{d}^2 E_{\mathrm{p}}}{\mathrm{d}u^2} = c > 0$$

所以平衡态位移 u 使势能 E_{p} 取极小值，反之，使势能取极小值的状态必为平衡状态，这就是最小势能原理。

这样，力学上的平衡问题归结为数学上的极值问题，即变分问题。

$$E_{\mathrm{p}}(u)_{\min} = \frac{1}{2}cu^2 - Fu \tag{1-3}$$

1.1.2　受力分析

1. 变形模式

设置在边坡或建筑基坑岩土体一根全长锚固锚杆，其直径为 D，长度为 L，截面面积为 A，弹性模量为 E。

当岩土体发生变形时杆体受拉，杆体伸长。设坐标为 x 处的杆体位移为 $u(x)$，与 x 相邻近的点 $(x' = x + \Delta x)$ 的位移为 $u(x') = u(x + \Delta x)$，于是相对伸长的极限为

$$\lim_{\Delta x \to 0} \frac{u(x + \Delta x) - u(x)}{\Delta x} = u'(x)$$

由此，在每一点 x 可以用位移 $u(x)$ 的导数 $u'(x)$ 作为应变 ε 的度量，即

$$\varepsilon = u'(x) \tag{1-4}$$

当应变均匀时，位移 u 是 x 的线性函数。

$$u = u(x) = u_1 + \frac{u_2 - u_1}{L}x \tag{1-5}$$

其中$u_1 = u(0) = 0$，$u_2 = u(L) = \Delta L$。

根据式（1-4）、式（1-5）及胡克定律$\sigma = E\varepsilon$，$\varepsilon = \frac{\Delta L}{L}$，可以将用应力表示的平衡方程$-A\sigma + F = 0$改写成为

$$-\frac{EA}{L}u_2 + F = 0 \tag{1-6a}$$

平衡方程式（1-6a）以位移u_2作为未知量，先解出位移，再用式（1-4）与胡克定律求应变与应力，这种按位移求解平衡方程的方法叫作位移法。系数$\frac{EA}{L}$称为锚杆的抗拉刚度，若在工程现场能量测到锚杆位移u_2，即可解出锚杆受力

$$F = \frac{EA}{L}u_2 \tag{1-6b}$$

2. 变分原理与平衡方程

现从能量出发，用变分原理对均匀锚杆体拉伸变形做进一步分析。

锚杆体伸长时内力做功，作为应变能贮存起来。在杆体内任取单位面积及单位长度的体元，设想体内应力即单位面积上的应力σ'由0变到σ，相应的应变即单位长度的伸长量ε'由0变到ε。

命$\sigma' = t\sigma$，$\varepsilon' = t\varepsilon$，则$t$由0变到1，所以单位体元所贮的应变能（或称应变能体密度）为

$$U = \int_0^{\varepsilon} \sigma' \mathrm{d}\varepsilon' = \int_0^1 t\sigma\varepsilon \mathrm{d}t = \sigma\varepsilon\int_0^1 t\mathrm{d}t = \frac{1}{2}\sigma\varepsilon \tag{1-7}$$

上式不考虑横向变形做功。

由式（1-7），单位长度杆元的应变能（或称应变能线密度）$\bar{U}$为

$$\bar{U}=U\cdot A=\frac{1}{2}A\sigma\varepsilon=\frac{1}{2}EA\varepsilon^2$$

当考虑锚杆体内端固定，即$u_1=0$，则锚杆体的总应变能$U_{总}$为

$$U_{总}=\bar{U}L=\frac{1}{2}EAL\varepsilon^2=\frac{1}{2}\frac{EA}{L}(u_2-u_1)^2=\frac{1}{2}cu_2{}^2 \tag{1-8}$$

$$c=\frac{EA}{L}$$

此外，外力 F 对当地位移u_2做功为Fu_2，所以外功势能为$-Fu_2$，于是杆体的总势能为

$$E_p(u_2)=\frac{1}{2}cu_2{}^2-Fu_2 \tag{1-9}$$

上述杆体伸长总势能数学上有两种等价的提法，即

（1）最小势能原理：$E_p(u_2)_{\min}=\frac{1}{2}cu_2{}^2-Fu_2$；

（2）平衡方程：$cu_2=F$。

1.1.3 力学模型

1. 现场观测资料

1973 年铁道部某研究院在稍院隧道，1975～1977 年冶金工业部马鞍山某研究院在张家洼矿巷道，1979 年冶金工业部建筑研究总院在金川镍矿巷道观测得到的全长锚固锚杆轴向应变与距壁面距离的分布规律曲线如图 1-1 所示。现场观测数据表明全长锚固锚杆轴向应变在距巷道壁面 0.5～1.0m 处最大。理论分析巷道壁面处位移最大，为什么锚杆的轴向力分布与位移分布不一致呢？国内外以往都少有这方面的报道。本书作者将探讨这个问题。

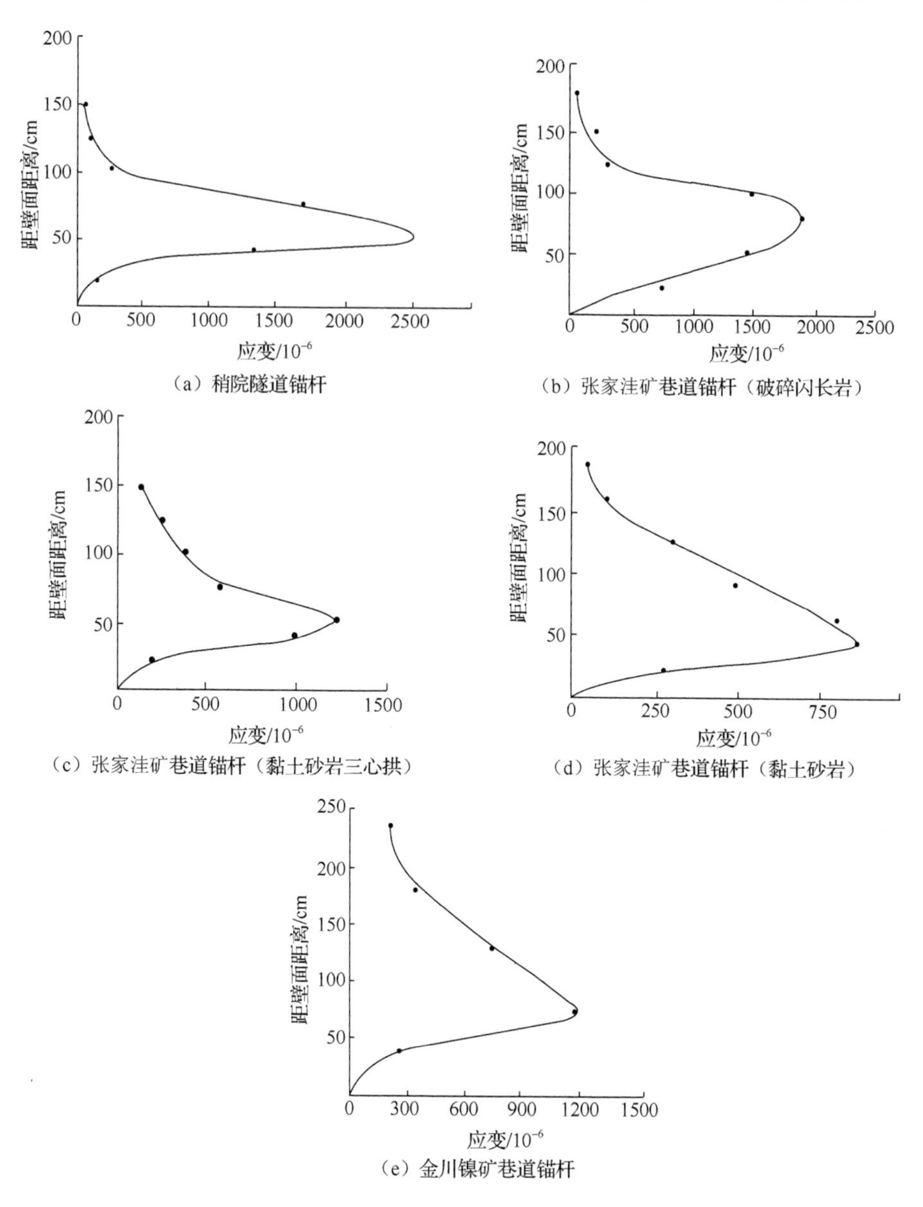

（a）稍院隧道锚杆

（b）张家洼矿巷道锚杆（破碎闪长岩）

（c）张家洼矿巷道锚杆（黏土砂岩三心拱）

（d）张家洼矿巷道锚杆（黏土砂岩）

（e）金川镍矿巷道锚杆

图 1-1　全长锚固锚杆轴向应变与距壁面距离的分布规律曲线

2. 全长锚固锚杆力学模型

设置在岩土工程中的一根全长锚固锚杆，其直径为 D、长度为 L、截面面积为 A、弹性模量为 E。

如果围岩不发生位移，锚杆就不受力。由于锚杆体的弹性模量远大于围岩的变形模量，围岩与锚杆共同变形过程中锚杆约束围岩变形产生约束力。

全长黏结在围岩中的锚杆，由于锚杆约束外部围岩变形，在杆体侧表面形成正摩擦阻力，同时锚杆又拉着深处围岩向外变形侧面形成负摩擦阻力。这样，必然在锚杆体侧表面存在着杆体与周围岩体相对位移等于零的点，即中性点。

根据上述分析认为围岩与锚杆侧表面的剪应力取决于围岩位移与锚杆位移之差。

工程中锚杆受力与围岩变形特征有关，与锚杆布置因素有关。这里仅取单根锚杆进行分析。限定围岩与锚杆胶结材料不发生剪切滑移破坏的条件。

全长锚固锚杆的力学模型如图 1-2 所示。从前面的分析可知围岩与锚杆侧表面的剪应力取决于围岩位移与锚杆位移之差。假定位移差与剪应力τ呈线性关系，则下式成立，即

$$\tau = K\left[u(z) - w(z) - u_n\right] \tag{1-10}$$

式中：$u(z)$——围岩位移；

$w(z)$——锚杆位移；

u_n——锚杆中性点位移；

K——围岩长期剪切变形刚度，即产生单位变形的力。

根据前面给出的变分原理，锚杆位移$w(z)$与锚杆轴向力$Q(z)$有如下关系：

$$Q(z) = -\int AE\frac{\mathrm{d}w(z)}{\mathrm{d}z} \tag{1-11}$$

从上述结果可知，若已知围岩位移$u(z)$、锚杆位移$w(z)$及锚杆中性

点位移u_n，则由式（1-10）可求出锚杆剪应力分布。

若已知锚杆位移$w(z)$，由式（1-11）可求得锚杆轴向力分布。若在现场能测得锚杆伸长量ΔL，则由式（1-6b）可直接求出锚杆受力F。

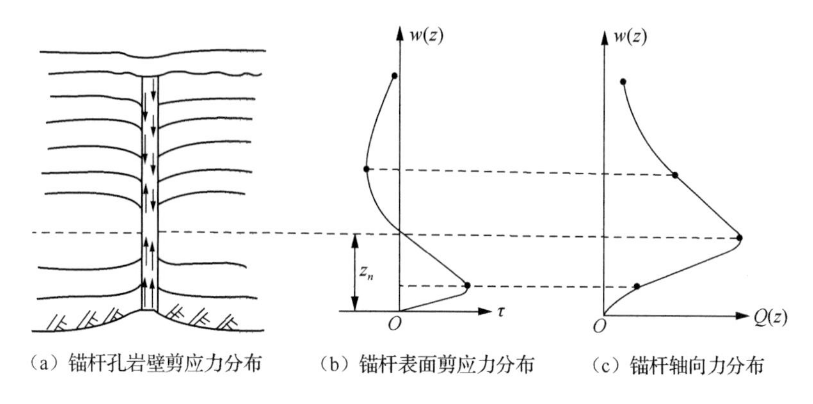

（a）锚杆孔岩壁剪应力分布　（b）锚杆表面剪应力分布　（c）锚杆轴向力分布

图1-2　全长锚固锚杆的力学模型

3. 量测锚杆

工程中量测全长锚固锚杆轴向力分布是非常困难的事，杆体每20cm 就要贴一组应变片。应变片（钢筋计）防潮、长期稳定都存在一定难度。既然已经知道可以用位移来求得锚固力，在工程中完全可以量测锚杆体的变形来求取锚固力。为此1984年本书作者研制一种量测锚杆，称CGN型量测锚杆，并获得省级科技进步4等奖。CGN型量测锚杆有单点、两点、三点三种。

根据本书作者上述理论分析，取与锚杆体相同的钢管代替螺纹钢筋，在现场直接量测锚杆伸长量ΔL，计算锚杆锚固力为

$$P = EA \cdot \frac{\Delta L}{L} \tag{1-12}$$

式中：P——锚杆锚固力；

ΔL——锚杆伸长量；

L——锚杆长度；

E——锚杆体弹性模量；

A——锚杆体截面面积。

量测锚杆底端固定一根自由导杆，它不受力。导杆顶面作为量测锚杆伸长量的基准面，用百分表量测锚杆的伸长量。CGN 量测锚杆已大量应用于工程。

1.2　钢管端锚、预应力与注浆锚杆

1.2.1　问题的提出

1996 年朱维申教授提出动态施工力学，本书作者深受启发，意识到全长锚固锚杆的工作特性不能很好地适应大变形岩体变形规律的要求。此外，工程中有的设计者常将锚索与锚杆组合应用，本书作者认为不妥。锚杆在与岩土体共同变形过程中因约束岩土体变形而受力。锚索是预先向岩土体施加一个预应力，改善岩土体受力状态使之远离破坏。力学上两者平衡条件相反，应变相容条件不同，不能直接叠加（组合）。

本书作者研究钢管端锚、预应力、注浆全长锚固锚杆的目的是通过改进锚杆结构和调整施工工艺，使这种锚杆的力学行为与锚索相一致，其结果不但不相克，而且形成互补，使支护作用叠加。

1.2.2　钢管砂浆锚杆力学性能研究

钢管砂浆锚杆力学性能与钢筋砂浆锚杆有很大的不同。这是因为在

钢管砂浆条件下，钢管和管中的砂浆处于复杂应力状态。

1. 拉伸试验

拉伸试验结果表明，钢管砂浆锚杆较钢管拉伸强度可提高 9%～36%。在轴向荷载作用下，钢管锚杆进入塑性状态之后横向变形很大，破断时径缩率可达 12%～20%，而钢管砂浆锚杆横向变形始终不大，破断时径缩率仅 3%～14%。

2. 破坏观察

（1）钢管砂浆锚杆拉伸时，荷载达到一定数量后，锚杆不断产生咔咔的响声。用 X 光照相可知，钢管中的砂浆芯柱被拉断成若干段。

这说明管楔砂浆锚杆轴向变形达到砂浆允许拉伸变形时管中砂浆芯柱被拉断，此时荷载全部由钢管承担，但由于钢管横向变形，增大了管壁与砂浆芯柱的侧压力，迫使芯柱与钢管又共同合作，亦即增大了钢管的变形阻力，从而提高了钢管砂浆锚杆的强度。

（2）用声波法测得钢管注浆锚杆拉伸时管中砂浆声速变化为：①初始阶段声速增加，这表明砂浆的弹性模量增大，即砂浆处于压密阶段；②达到破坏阶段前，管中砂浆声速开始下降，这表明砂浆中已产生微裂缝，此时管中砂浆应力达 17.5～20MPa，比无钢管砂浆圆柱体产生微裂缝时的应力（12.5～14.5MPa）要高，这进一步说明管与砂浆共同作用的特性。

3. 试验结果分析

基于上述试验和观察，对钢管砂浆锚杆力学性能做如下分析。

与其他任何结构一样，钢管砂浆锚杆从承受荷载开始直至破坏，截面中要经历几个不同的应力-应变阶段，各阶段的应力和应变、大小及其特征是不同的。在较小的荷载作用下，横向变形不大时，荷载直接由钢管与砂浆芯柱来承担，当荷载增大到流限时，钢管与砂浆芯柱之间的侧压力急剧增大，它可以阻止钢管纵向变形，同时也阻止砂浆芯柱中微裂缝的发展，由于侧压力的存在和增加，不仅推迟断裂缝的发生，而且阻碍其发展，从而使钢管砂浆锚杆的结构强度得到提高，同时也能承受较大的变形。

1.2.3 结构及安装工艺

锚杆由钢管、管楔、螺帽、垫板水泥砂浆芯柱、螺纹钢筋、端锚快硬水泥卷组成。钢管外端有加强螺纹、内端纵向开 4 条缝与管楔匹配，缝的底端有 2 个孔，用来注水泥砂浆。钻孔完成后，孔底放入快硬水泥卷，锤入钢管，用冲击锤实现端锚安装 3～5h 后孔口钢管端套上垫板，扭上螺帽可施加 30～50kN 预应力。钢管内注浆有两个时机：钢管端锚预应力注浆锚杆单独使用时，注浆时间根据围岩变形特性曲线来确定；该锚杆与锚索组合加固岩体时待锚索完成预应力张拉锁定后进行锚管注浆。注浆后立即锤入直径 25～30mm 的螺纹钢筋。

1.2.4 钢管砂浆锚杆受力分析

1. 轴向受拉的计算

由于围岩变形迫使钢管砂浆锚杆受拉产生拉力 P_x，根据砂浆与钢管的变形协调条件，应用组合杆件应力公式导出计算砂浆芯柱纵向应力 $\sigma_{砂纵}$ 和钢管纵向应力 $\sigma_{钢纵}$ 公式为

$$\sigma_{砂纵}=\frac{P_x}{nA_{钢}+A_{砂}} \tag{1-13}$$

$$\sigma_{钢纵}=n\sigma_{砂纵} \tag{1-14}$$

上述式中：$\sigma_{砂纵}$——砂浆芯柱纵向应力；

$\sigma_{钢纵}$——钢管纵向应力。

P_x——由围岩变形在钢管砂浆锚杆中产生的拉力；

$A_{砂}$——砂浆芯柱截面面积；

$A_{钢}$——钢管截面面积；

n——系数，$n=\dfrac{E_{钢}}{E_{砂}}$，其中$E_{钢}$为钢管弹性模量，$E_{砂}$为砂浆芯柱弹性模量。

2. *砂浆收缩在钢管和砂浆芯柱中产生的应力*

砂浆凝固时收缩是必然的，收缩而产生的应力是不可忽视的。在收缩变形过程中当钢管锚杆与砂浆芯柱共同变形时，砂浆受拉，而钢管受压。如果将发生在钢管中的收缩应力与围岩变形产生的拉应力相叠加，则可能会改善钢管砂浆锚杆的受力状态。

设砂浆与锚杆共同工作，法向应力按线性规律变化，砂浆中无裂缝，此时砂浆的自由收缩在纵向和横向均受到钢管的阻碍。

令$\sigma_{砂纵}$和$\sigma_{砂横}$分别为砂浆芯柱的纵向和横向应力，相应的钢管中的纵向和横向应力分别为$\sigma_{钢纵}$、$\sigma_{钢横}$。

此外，由于砂浆的收缩，横截面作用于砂浆芯柱和钢管上的纵向收缩力分别用$N_{砂纵}$和$N_{钢纵}$来表示。

因收缩产生的应力和钢管内力是相互平衡的，故下式成立：

$$N_{砂纵}+N_{钢纵}=0 \tag{1-15}$$

$$\sigma_{钢横} = \frac{r}{\delta}\sigma_{砂横} \tag{1-16}$$

上述式中：δ ——钢管厚度；

r——钢管内半径；

$N_{砂纵}$ ——砂浆芯柱纵向收缩力，$N_{砂纵} = A_{砂} \cdot \sigma_{砂纵}$，其中 $A_{砂}$ 为砂浆芯柱截面面积，$\sigma_{砂纵}$ 为砂浆芯柱纵向应力；

$N_{钢纵}$ ——钢管纵向收缩力，$N_{钢纵} = A_{钢} \cdot \sigma_{钢纵}$，其中 $A_{钢}$ 为钢管截面面积，$\sigma_{钢纵}$ 为钢管纵向应力。

根据变形协调条件有

$$\begin{cases} \varepsilon_{钢纵} = \varepsilon_{砂纵} \\ \varepsilon_{钢横} = \varepsilon_{砂横} \end{cases} \tag{1-17}$$

上述式中：$\varepsilon_{钢纵}$、$\varepsilon_{钢横}$——时间为 t 时钢管的纵向和横向应变；

$\varepsilon_{砂纵}$、$\varepsilon_{砂横}$——时间为 t 时砂浆芯柱的纵向和横向应变。

对于任意时间 t，钢管的应变等于砂浆芯柱自由收缩的应变减去因钢管的阻碍使砂浆产生的应变，即

$$\varepsilon_{钢纵} = \varepsilon_{砂纵}(t) - \Delta\varepsilon_{砂纵} \tag{1-18}$$

$$\varepsilon_{钢横} = \varepsilon_{砂横}(t) - \Delta\varepsilon_{砂横} \tag{1-19}$$

上述式中：$\varepsilon_{砂纵}(t)$ ——时刻 t 时砂浆芯柱的纵向应变；

$\varepsilon_{砂横}$ ——时刻 t 时砂浆芯柱的横向应变；

$\Delta\varepsilon_{砂纵}$ ——钢管约束产生的纵向应变；

$\Delta\varepsilon_{砂横}$ ——钢管约束产生的横向应变。

根据变形老化理论可用应力表达上述变形方程，即

$$\frac{\sigma_{钢纵}}{E_{钢}} = \varepsilon_{砂纵}(t) - \int_0^t \frac{\mathrm{d}\sigma_{砂纵}(t_{增})}{\mathrm{d}t_{增}} \left[\frac{1}{E_{砂}(t_{增})} + \frac{(\psi_t' - \psi_t)}{E_{砂}} \right] \mathrm{d}t_{增} \tag{1-20}$$

$$\frac{\sigma_{钢横}}{E_{钢}}=\varepsilon_{砂横}(t)-\int_0^t\frac{\mathrm{d}\sigma_{砂横}(t_{增})}{\mathrm{d}t_{增}}\left[\frac{1}{E_{砂}(t_{增})}+\frac{(\psi'_t-\psi_t)}{E_{砂}}\right]\mathrm{d}t_{增} \tag{1-21}$$

上述式中：t——求变形的时间；

$t_{增}$——增加基本应力的时间；

$E_{砂}(t_{增})$——增加基本应力时砂浆的弹性模量；

ψ'_t——处于隔离状态中的砂浆徐变特征值；

ψ_t——砂浆徐变特征值。

根据空间轴对称问题物理方程可得出钢管和砂浆锚杆结构的纵向、横向变形与应力的关系为

$$\varepsilon_{砂纵}=\frac{1}{E_{砂}}\left(\sigma_{砂纵}-2\mu_{砂}\sigma_{砂横}\right) \tag{1-22}$$

$$\varepsilon_{钢纵}=\frac{1}{E_{砂}}\left(\sigma_{钢纵}-2\mu_{钢}\sigma_{钢横}\right) \tag{1-23}$$

$$\varepsilon_{砂横}=\frac{1}{E_{砂}}\left[\sigma_{砂横}-\mu_{砂}\left(\sigma_{砂纵}+\sigma_{砂横}\right)\right] \tag{1-24}$$

$$\varepsilon_{钢横}=\frac{1}{E_{钢}}\left(\sigma_{钢横}-2\mu_{钢}\sigma_{钢纵}\right) \tag{1-25}$$

上述式中：$\mu_{砂}$——砂浆芯柱泊松比；

$\mu_{钢}$——钢管泊松比。

将式（1-22）～式（1-25）代入式（1-20）和式（1-21），整理得砂浆芯柱的纵向和横向应力公式，即

$$\sigma_{砂纵}=\frac{E_{砂}\left[\varepsilon_{砂纵}(t)\left(1-\mu_{砂}\right)-\dfrac{2\mu_{砂}\varepsilon_{砂横}(t)}{1+r_1}\right]}{2\mu_{砂}^2+\mu_{砂}-1} \tag{1-26}$$

$$\sigma_{砂横} = \frac{\varepsilon_{砂横}(t)E_{砂} + \sigma_{砂纵}\left(1 + r_1\right)\mu_{砂}}{\left(1 + r_1\right)\left(1 - \mu_{砂}\right)} \tag{1-27}$$

上述式中：r_1——系数，$r_1 = 1 + \frac{\psi'_t}{2}$。

已知砂浆芯柱中应力$\sigma_{砂纵}$、$\sigma_{砂横}$，即可求出由于砂浆收缩在钢管中引起的应力

$$\sigma_{钢纵} = -\frac{\sigma_{砂纵}A_{砂}}{A_{钢}} \tag{1-28}$$

$$\sigma_{钢横} = \frac{r}{\delta}\sigma_{砂横}$$

1.2.5　工程应用

钢管砂浆锚杆完成室内拉伸试验和现场端锚安装、施加预应力和管内注浆试验之后即进行现场工程应用。例如，在山东小官庄铁矿东区地下 500m 深水平巷道进行喷锚支护，共安装 3600 根钢管端锚、施加预应力和注浆全长锚固锚杆，支护巷道长 340m。工程实践表明，该锚杆端锚安装工艺方便可靠，经过 25～30d 后 180～200 根锚杆可集中一次完成注浆。现场观测表明锚杆预应力由安装时的 30kN，经过 25d 后增长到 60～80kN。锚杆伸长量达 15～20mm。

这一结果证实了钢管砂浆锚杆适应围岩的大变形，将围岩初期变形均布在锚管的全长，克服了一般砂浆全长锚固锚杆轴向应力和剪应力都集中在锚杆体的某一部位的缺点。

1.2.6　小结

（1）钢管砂浆锚杆端锚安装后 3～5h 即可向围岩提供预应力，解决

了支护及时性。

（2）钢管砂浆锚杆注浆前，锚杆轴向力均布在管体全长，克服了以往全长锚固砂浆锚杆轴向力集中在某一部位的缺点。在同样锚固能力的前提下，该锚杆轴向力峰值、侧壁剪应力峰值有所降低，这就等同于提高了锚杆的安全系数。

（3）钢管砂浆锚杆受力过程中砂浆芯柱微裂缝扩展，砂浆芯柱阻止钢管的塑性变形，从而使该锚杆强度得到提高，室内研究表明该锚杆钢管强度可提高9%～36%。

（4）钢管砂浆锚杆与锚索组合，不但不相克，而且形成互补。这是因为该锚杆注浆工艺在锚索完成预应力张拉、锁定之后进行。该锚杆完成端锚之后 3～5h 即可及时支护岩体，克服了锚索支护不及时的缺点。

（5）该锚杆在未注浆之前变形伸长量均匀分布在管体全长，在一定程度上适应岩体的较大变形，进一步分析认为该锚杆的力学特性能与岩体时空效应相匹配。

（6）目前大型岩体边坡加固多采用大吨位、大间距锚索。几十年工程经验表明，国内外早期采用大吨位、大间距加固的岩体边坡时有发生可怕的事故。本书作者认为其中原因之一是没有遵守圣维南原理。该原理指出应力传递范围是有限的，而岩体多构造裂缝在裂缝处应力传递损失很大，有时可能传递不了应力。这样锚索中间的岩体就没有得到有效的加固，在长久的风化条件下会产生松动，这将导致岩体应力重分布，结果必然影响其稳定。

（7）通过上述分析可以认为钢管端锚、预应力注浆全长锚固锚杆与锚索组合是加固大型岩体边坡的“两剑客”。

钢管砂浆锚杆可以有效地加固锚索中间部分的岩体。该锚杆注浆后向钢管内插入直径为25mm的螺纹钢筋，增强了锚杆的抗剪能力，从而克服了锚索抗剪能力低的缺点。

第2章 锚索研究

1958 年锚索传入我国，那时只有拉力型锚索。拉力型锚索受力端在孔口，为了施加预应力，距孔口 3～5m 处钢绞线是自由的，施加预应力时该段钢绞线自由伸长。将锚索应用于边坡加固工程中应首推中国人民解放军总参工程兵科研三所（以下简称“总参三所”）。原来的工艺是孔口一段预应力张拉锁定后二次注浆。后来总参三所刘玉堂将这段钢绞线涂黄油（工业用润滑脂），套上塑料管，锚索一次完成注浆，使工艺简化。由于无黏结钢绞线的产生，锚索由拉力型发展成压力型。压力型锚索受力端在孔底。由于钢绞线全长无黏结，施加的预应力传到孔底通过一个承压板将拉力转换到锚固体上变成压力。压力型锚索锚固体（水泥芯柱）受压，拉力型锚索锚固体受拉。压力型锚索锚固体较拉力型锚索锚固体更具优势，因为水泥芯柱抗压性能比抗拉性能好得多。

压力型锚索起源于日本，1982 年研制成功压力型永久锚工法，并于 1988 年公之于众。后来在技术上有进一步的发展，于 1991 年 6 月发明了压力分散型 KTB 永久锚索，在日本广泛应用，并于 2000 年 6 月由 OVM 公司传入中国。本书作者当时受约作为该公司的高级顾问，研究了该锚索结构之后初步认为：用几个锚头分散压力存在重大缺陷。这是因为每个锚头上的钢绞线长度不等，长者与短者相差 10m 左右。虽然张拉回弹时长钢绞线与短钢绞线的回弹量都是一样的（5～6mm），但长钢绞线与短钢绞线的预应力损失相差可达 6%～10%，这会造成锚索的工作状态不好。

当时本书作者在尤春安教授研究的基础上，对压力型锚索建立了较完备的微分方程，在傅作新教授的指导下求得压力型锚索受力端轴向应力及侧向剪应力的分布规律。根据所得应力分布规律，本书作者研制出压剪筒压力型锚索。

压剪筒压力型锚索的核心是在受力端增加一段厚壁无缝钢管与水泥组成复合锚固体。与原来的水泥锚固体相比，复合锚固体抗压强度提高 3～5 倍，大大降低了锚固体被压坏的风险。组合锚固体使剪应力得到分散，剪应力峰值降低 2.8 倍，也就是说压剪筒的作用相当于 2.8 个分散锚头的作用。本书作者将日本 KTB 压力分散型锚索称为几何分散锚索，压剪筒压力型锚索称为物理分散锚索。

之后的 3 年内由于工程的需要，本书作者又研制了压剪筒扩大头压力型锚索，并获得专利（专利号：ZL.200720146776.X）。本章中本书作者对扩大头压剪筒压力型锚索的破坏模式进行分析，并求得极限拉力、允许拉拔力、极限状态压缩量、允许压缩量等参数的计算公式。

实践表明，这两种锚索很受工程界欢迎，越来越多地被工程所采用。

2.1　压力型锚索

2.1.1　结构特征

由于无黏结钢绞线在锚索中的应用，产生了压力型锚索。压力型锚索在孔底处有一个钢质圆盘 C，盘上固定无黏结钢绞线。采用水泥浆灌满锚索孔，水泥浆凝成的水泥芯柱与孔壁全长黏结。当施加预应力时，由于钢绞线外皮与钢绞线无黏结，拉力通过钢质圆盘转换成压力，使水泥芯柱轴向受压，水泥芯柱侧面与孔壁间产生剪应力。该水泥芯柱称锚固体。压力型预应力锚索原理图如图 2-1 所示。

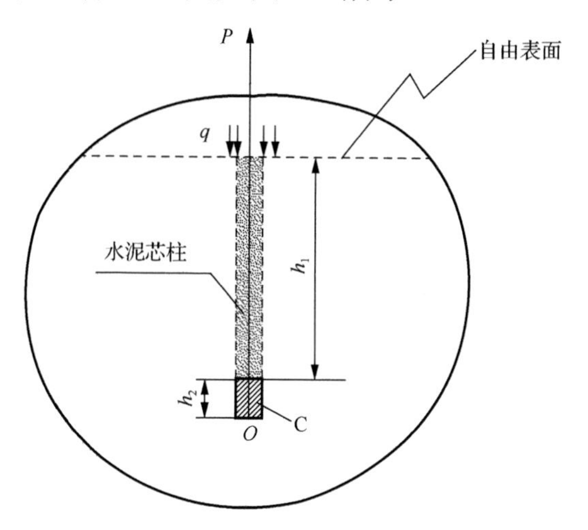

P—拉力；q—单位应力；h_1—自由表面至锚孔的深度；h_2—圆盘的厚度。$h_1 \gg h_2$。

图 2-1　压力型预应力锚索原理图

2.1.2　受力分析

1. 问题描述

无限大空间体内一点 O 承受集中力 P 的作用，受集中力简图如图 2-2 所示。这个问题称为开尔文（Kelvin）问题。

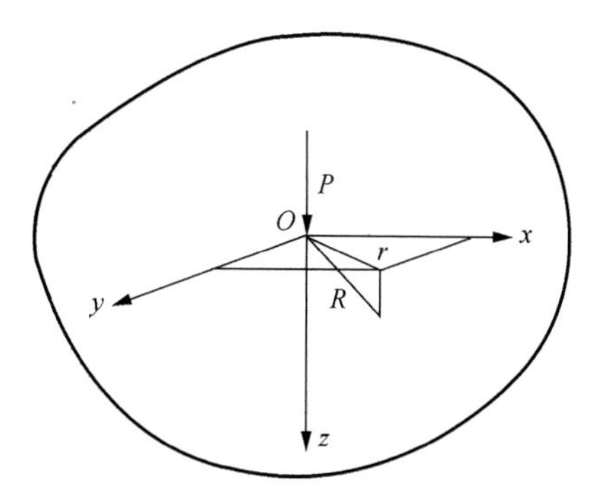

图 2-2　无限大空间体内一点受集中力简图

设集中力 P 沿 Oz 方向作用在坐标原点 O，边界条件为：①在无穷远处所有应力分量均趋于零；②在 O 点处应力的奇异性相应于集中力的幅度 P。集中力可以看作作用在原点处一个小球洞表面上的荷载的极限情况。开尔文对问题得出满足一切边界条件的解答，与本章有关的 z 方向的位移解为

$$u_z = A\left[\frac{2(1-2\mu)}{R} + \frac{1}{R} + \frac{z^2}{R^3}\right] \tag{2-1}$$

式中：u_z——z 方向位移；

R——变量，设 $R=\sqrt{x^2+y^2+z^2}$，其中 x、y、z 为该点的坐标；

A——变量，设 $A=\dfrac{P}{16\pi G(1-\mu)}$，其中 P 为集中力，G 为岩土体的剪切弹性模量；

μ——岩土体泊松比。

2. 问题的归结与假设

如图 2-1 所示，一般情况预应力锚索较长，孔底处钢质圆盘厚度 h_2 很小。由于钢绞线是无黏结的，通过锚墩在岩土体表面施加一个集中力 P，并通过钢绞线把 P 按原来大小传给锚固端钢质圆盘。基于上述条件可以把问题归结为开尔文问题求解。

由于 h_1 远远大于 h_2，锚墩传给岩土体表面的压力对钢质圆盘处的影响很小，可以忽略不计。因此本章的解答虽然是近似的，但合理。

3. 问题求解

本书作者在问题求解之前得到了傅作新教授指导，求解时得出的二阶变系数齐次常微分方程解采用了《常微分方程手册》（卡姆克 E，1977）

查得的结果。

取锚孔轴线与 z 轴重合，这时 $x=y=0$，式（2-1）变为

$$u_z = \frac{P(1+\mu)}{2\pi E z} \tag{2-2}$$

式（2-2）表明锚孔内钢质圆盘受力 P 作用后锚固体（水泥芯柱）任一点（O 点除外）相对于作用点 O 产生的位移的分布规律。在力 P 作用下，岩体对锚固体表面作用剪应力 τ。岩面相对锚固端的总位移 u 可写成

$$u = \int_0^{\infty} \frac{(1+\mu)}{2\pi E z} \cdot 2\pi r_b \tau(z) \mathrm{d}z$$

锚固体总压缩量 $u_{总}$ 可写成

$$u_{总} = \int_0^{\infty} \frac{P - \int_0^z 2\pi r_b \tau(z) \mathrm{d}z}{A E_b} \cdot \mathrm{d}z$$

假定锚固体的总压缩量等于岩面相对锚固端的总位移，则

$$\int_0^{\infty} \frac{1}{E_b A} \left[P - 2\pi r_b \int_0^z \tau(z) \mathrm{d}z \right] \cdot \mathrm{d}z = \int_0^{\infty} \frac{1+\mu}{2\pi E z} \cdot 2\pi r_b \tau(z) \mathrm{d}z \tag{2-3}$$

上述式中：r_b——锚固体（水泥芯柱）半径；

E——岩土体弹性模量；

μ——岩土体泊松比；

A——锚杆体（水泥芯柱）截面面积；

E_b——锚固体弹性模量。

将式（2-3）两边分别对 z 求三次导数，并进行简化得如下形式的二阶变系数齐次常微分方程：

$$\tau'' + az\tau' + 2a\tau = 0 \tag{2-4}$$

式中：a——系数，$a=\dfrac{\pi E}{(1+\mu)E_{b}A}$；

τ——锚固体所受剪应力。

式（2-4）通过变换，当$z\to\infty$时，$\tau=0$和$\int_0^\infty 2\pi r_b\tau(z)\cdot \mathrm{d}z=P$，最后获得锚固体侧面（孔壁）剪应力分布为

$$\tau=\frac{PE}{2\pi(1+\mu)r_b^{\ 3}E_b}\cdot z\cdot \mathrm{e}^{-\frac{1}{2}kz^2} \tag{2-5}$$

式中：k——系数，$k=\dfrac{1}{(1+\mu)r_b^{\ 2}}\left(\dfrac{E}{E_b}\right)$

对式（2-5）进行积分，得锚固体（水泥芯柱）的轴力分布为

$$N=P\mathrm{e}^{-\frac{1}{2}kz^2} \tag{2-6}$$

对式（2-6）微分，令$\mathrm{d}\tau/\mathrm{d}z=0$，解得

$$R=z=\sqrt{\frac{1}{k}} \tag{2-7}$$

式（2-7）为极值位置，将式（2-7）代入式（2-5）得

$$\tau_{\max}=\frac{P}{2\pi r_b}\cdot\sqrt{\frac{k}{\mathrm{e}}} \tag{2-8}$$

式（2-8）为剪应力峰值（最大剪应力）表达式。

由式（2-8）可以看出，最大剪应力与预应力P成正比，与锚孔半径r_b成反比，与E/E_b成正比。

4. 结果分析

1）剪应力分布与岩土体介质弹性模量关系

给定$E_{岩体}$=6×10^{4}MPa，$E_{土体}$=10MPa，$\mu_{岩体}$=0.25，$\mu_{土体}$=0.4。在其他条件相同条件下，由式（2-8）得

$$\frac{\tau_{岩体\max}}{\tau_{土体\max}}=82$$

上述结果表明，岩体中孔壁剪应力峰值比土体中孔壁剪应力峰值大得多。

2）剪应力分布与锚固体弹性模量关系

给定水泥芯柱弹性模量$E_{水泥}=2.8\times10^4$MPa，把孔底长 1m 一段水泥芯柱换成厚壁无缝钢管，管内充满水泥组成钢管水泥组合体。组合体的弹性模量$E_{组合体}=2\times10^5$MPa。在其他条件相同条件下，由式（2-8）得

$$\frac{\tau_{水泥\max}}{\tau_{组合体\max}}=2.7$$

上述结果表明，采用钢管水泥组合体代换水泥芯柱可使孔壁剪应力峰值降低 2.7 倍，从而起到局部分散剪应力的效果。

2.1.3 压剪筒压力型锚索

在分析压力型锚索内锚端应力分布规律基础上本书作者提出压剪筒压力型锚索。它的结构是在压力型锚索内锚端承压板后面安装一段厚壁无缝钢管，称压剪筒。这种结构的锚索称压剪筒压力型锚索。压力型锚索和压剪筒压力型锚索剪应力τ沿z分布示意图如图 2-3 所示。分析得出压剪筒压力型锚索优越性有以下两点。

（1）压剪筒压力型锚索孔底一段锚固体由水泥与厚壁无缝钢管组成。这种复合体与水泥芯柱相比，抗压强度可提高 5～7 倍，因此大大降低了锚固体被压坏的风险。

（2）锚固体的弹性模量越大，剪应力峰值$\tau_{\max}$越小。这说明提高锚固体的E_b值可改善剪应力τ的分布规律，使剪应力峰值得到分散，且这

种分散属物理型分散。

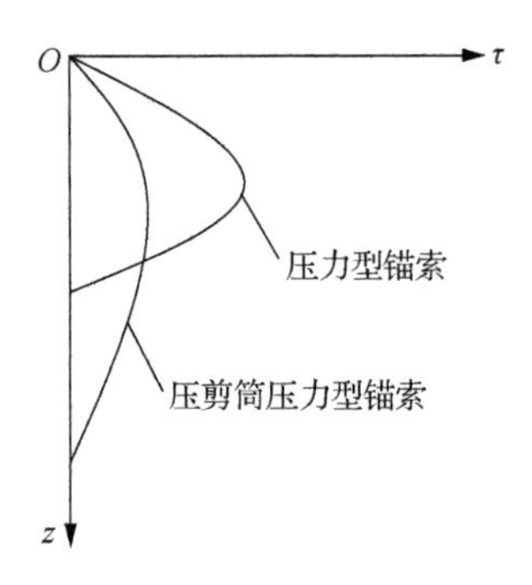

图 2-3　压力型锚索和压剪筒压力型锚索剪应力 τ 沿 z 分布示意图

2.2　扩大头压剪筒压力型锚索

2.2.1　问题的提出

分析式（2-8）可知，$\tau_{\max}$ 与锚孔半径 r_b 成反比，也就是说锚孔孔底一段直径扩大（扩大头），可使剪应力峰值 $\tau_{\max}$ 降低。在此基础上本书作者提出扩大头压剪筒压力型锚索。

扩大头压剪筒压力型锚索可大大提高锚索锚固力，提高锚固体强度，改善剪应力分布降低剪应力峰值 $\tau_{\max}$。

2.2.2　讨论

从前面进行的理论分析可知，将锚孔底一段孔径扩大能有效改善孔底处锚索的剪应力，轴向应力分布状态使应力集中程度大大降低。此时就需要进一步研究这种锚索的破坏模式、极限拉力、极限压缩量等问题。

2.2.3　破坏模式

岩体压剪筒压力型锚索锚孔孔底扩孔形成扩大头后一般不发生破坏。

土体强度低，孔底扩孔形成扩大头就要考虑破坏模式问题。以往埋在土体中的一个构件拔出时按45°角破坏。假定一根6m长的扩大头锚索按45°角拉拔破坏，锥体面积为160m^2，取土体的抗剪强度为50kPa，则发生剪切滑移破坏时抗剪力为8000kN，这是不可能的。

基于上述分析，本书作者提出扩大头破坏时沿着扩大头直径周边发生剪切滑移，其破坏模式如图2-4所示。

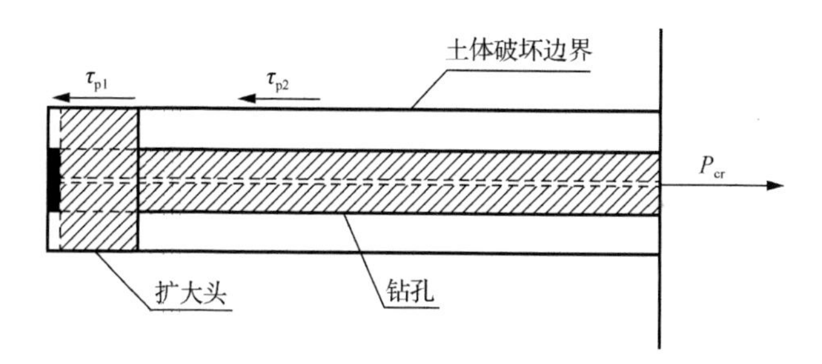

图2-4　扩大头压力型锚索破坏模式

2.2.4　极限拉拔力确定

在极限状态下τ_{p1}、τ_{p2}均匀分布，当不考虑锚墩反力作用时，临界拉拔力P_{cr}由下式确定：

$$P_{cr} = \pi D(L_1\tau_{p1} + L_2\tau_{p2}) \tag{2-9}$$

式中：P_{cr}——临界拉拔力；

D——扩大头直径；

L_1——扩大头长度；

L_2——钻孔长度；

τ_{p1}——扩大头侧壁与孔壁间抗剪强度；

τ_{p2}——土体抗剪强度。

式（2-9）称为强度条件。

由于 $L_1 \ll L_2$，略去 L_1 的作用，式（2-9）简化为

$$P_{cr} = \pi D L_2 \tau_{p2} \tag{2-10}$$

2.2.5　允许拉拔力确定

允许拉拔力 P_M 的表达式为

$$P_M = \frac{P_{cr}}{k} \tag{2-11}$$

式中：k——安全系数，工程中一般取 1.2。

2.2.6　极限状态压缩量确定

由式（2-10）得

$$\Delta L_p = \frac{P_{cr} \cdot L_2}{2E_2 A} \tag{2-12}$$

式中：ΔL_p——极限压缩量；

E_2——土体与水泥芯柱组合弹性模量；

A——扩大头截面面积，$A = \dfrac{\pi D^2}{4}$。

式（2-12）称为刚度条件。

2.2.7　允许压缩量确定

允许压缩量 $\Delta L_{允}$ 按下式确定：

$$\Delta L_{允} = \frac{\Delta L_{p}}{k} \tag{2-13}$$

工程中 k 一般取 1.2。

工程中拉出量小于 $\Delta L_{允}$ 说明锚索是安全的，反之锚索不符合设计要求。

2.2.8 设计步骤

（1）根据设计要求利用已知条件求允许拉拔力 P_{M}，见式（2-11）。

（2）根据 P_{cr} 及已知条件求允许压缩量 $\Delta L_{允}$，见式（2-13）。

（3）如果根据张拉千斤顶活塞伸长量确定允许压缩量时，千斤顶活塞伸长量应减去张拉时钢绞线的伸长量。

2.2.9 锚索小结

1. 锚索结构及分类

锚索由外锚端、钢绞线和内锚端组成，它的作用是向岩土体施加一个预应力锚固岩土体。

锚索按锚固体（水泥芯柱）受力状态分两大类型：锚固体受拉为拉力型锚索；锚固体受压为压力型锚索。

本书作者认为压力型锚索优越于拉力型锚索，因为水泥芯柱抗压强度远大于抗拉强度。此外，压力型锚索受力端在孔底，锚索“自由段”的概念值得商榷了。

2. 压力型锚索内锚端受力分布及应用

压力型锚索内锚端受力分布公式为

$$\tau = \frac{PE}{2\pi(1+\mu)r_b{}^3 E_b} \cdot z \cdot e^{-\frac{1}{2}kz^2} \quad \text{（剪应力分布）}$$

$$\tau_{max} = \frac{P}{2\pi r_b} \cdot \sqrt{\frac{k}{e}} \quad \text{（剪应力峰值）}$$

$$R = \sqrt{\frac{1}{k}} \quad \text{（剪应力峰值位置）}$$

$$N = Pe^{-\frac{1}{2}kz^2} \quad \text{（轴力分布）}$$

上述式中本书作者代入相应的岩土体参数，计算结果表明岩体中锚杆轴向力 N 与侧壁剪应力 τ 都集中在孔底受力点附近，应力传递长度不足100cm。土体中 N、τ 集中程度远远小于岩体，应力传递长度大于20m。

基于上式规律本书作者提出土体中锚索不必采用分散 N、τ 的结构，岩体中必须研究分散 N、τ 的结构。

基于上述分析，本书作者提出压剪筒压力型锚索和扩大头压剪筒压力型锚索，并给出土体剪切破坏模式和相关量的计算。

2.3　锚杆、锚索工程应用

锚杆或锚索是用来锚固岩土体的重要手段。锚杆、锚索的锚固作用大体上可分为两方面：改善应力场与防止岩土体破裂。锚固设计思路可归结如下：

（1）按静力平衡确定锚固力。此时只需分析向量的平衡，如抵抗倾倒、抵抗滑落的锚固就属于这一类。

（2）当附加运动边界条件（即考虑运动约束），就必须考虑岩土体的变形，如黏弹性、黏弹塑性围岩或震动荷载，这时设计要考虑时间因素。

2.3.1 锚索应用于结构抗浮

1. 工程对象

需要抗浮结构的有地面水池、地下停车场、地面仅有 2～3 层但有 2～3 层地下室的建筑物等。这些建筑物在高地下水位条件都需要结构抗浮。

2. 浮力计算

地下水浮力$F_{浮}$计算公式为

$$F_{浮}=\gamma \cdot A \cdot \Delta h-G$$

式中：γ——地下水容重；

A——结构底面积；

Δh——结构底板标高与抗浮设计水位标高差；

G——结构自重。

3. 锚索锚固力计算

锚索锚固力计算公式为

$$P=\pi D\sum f_i \cdot L_i$$

式中：D——锚固体直径；

f_i——锚固体与i层地层间的界面黏结强度；

L_i——锚固体在i层地层中的长度。

4. 抗浮锚索设计思路

工程中锚索设计是一个试算过程。锚索的设计主要参数不外乎确定锚固力、长度、间距 3 项指标。

抗浮锚索间距一般取 1.5～2.5m。这样，每孔锚索承担的锚固力基本确定，由此根据土层或岩层中锚固体的黏结力计算锚索长度。

基于上述思路确定抗浮锚索设计步骤如下。

（1）计算总上浮力 $F_{总}$ 为

$$F_{总}=\gamma\cdot A_{总}\cdot\Delta h-G$$

式中：$A_{总}$ ——上浮结构底板总面积。

（2）计算锚索数量 n 为

$$n=A_{总}/A_{索}$$

式中：$A_{索}$ ——每孔锚索分担的面积。

（3）计算每孔锚索锚固力 P_i 为

$$P_i=F_{总}/n$$

（4）每孔锚索设计锚固力

$$kP_i=\pi D\sum f_i\cdot L_i \tag{2-14}$$

式中：k ——安全系数；

（5）计算每孔锚索长度

由式（2-14）可知

$$\frac{kP_i}{\pi D}=\sum f_i\cdot L_i$$

上式中等式左端为常数，对右端的 $\sum f_i\cdot L_i$ 进行迭代运算。当与左端相等时，则$\sum L_i$即为所求锚索长度L。

5. 注浆液离析现象分析

有地下水条件下注浆液产生离析是不可避免的。若注水泥砂浆，离析时砂颗粒首先下沉到孔底，接着水泥颗粒沉积在锚孔中下部，锚孔上部一段基本是离析水。

若注水泥浆，离析时，水泥颗粒首先沉到孔底、锚孔中部水泥颗粒密度较小，锚孔上部基本上是离析水。

离析结果：注水泥浆时，孔底一段锚固体的抗压强度、锚固体与锚孔壁之间黏结强度都是最大，锚孔上部都是最小。

上述分析结果可知：①可以利用离析现象；②注浆后必须进行补浆。

6. 锚索选型

拉力型锚索受力端在孔口，锚固体受拉时，孔口剪应力τ和轴向力σ都是最大，但孔口处锚固体强度、锚固体黏结强度都是最小。

此外，抗浮锚索不需要自由段。但现有的锚具预应力张拉锁定时有5mm 左右的回弹量。这要求锚索钢绞线在孔口处有一段能自由伸长，以保证张拉伸长量损失 5mm 左右后仍能保持锁定设计的预应力。

现在使用的$\phi 5\times 7$ 钢绞线张拉到设计值（230kN），每米伸长量为6.5mm。由此可知拉力型锚索用于抗浮结构锚固体的长度至少要增加3～4m。

压力型锚索受力端在孔底，锚固体受压，孔底处应力最大。浆液离析的结果表明，孔底处锚固体的抗压强度和黏结力都是最大。

因此，抗浮锚索选择压力型。当要求预应力较大时选择压剪筒压力型锚索。压剪筒可使孔底一段锚固体强度提高 3.5 倍。压剪筒具有分散剪应力的物理功能，使最大剪应力降低 2.8 倍。

7. 工程应用

1）工程概况

2008 年马鞍山钢铁公司修建一个地面水池，水池底面积 38m×26m，设计储水深度 9m。地下水位在地表下 0.8m。基坑开挖深度 10.5m。底板下 2～3m 为强风化花岗岩，再往下为风化花岗岩，裂隙发育，有压水。水池底板混凝土厚 0.8m，配双层钢筋。

2）锚索设计

（1）选择压剪筒压力型锚索。

压剪筒长 1.0m，材质为ϕ105×10 无缝钢管，钻孔直径为 130m，每孔 2 根无黏结钢绞线，规格ϕ5×7。

锚具全部采用 OVM 公司产品，内锚采用挤压套直接与承压板接触，外锚为 OVM 夹片。

（2）锚索布置、张拉、锁定。

底板中间部位面积 8m×12m，锚索间距 1.5m，锚索长 12m，共布 43 孔索，张拉锁定应力每孔 25kN。

其余部位面积 988m^2−96m^2=892m^2，锚索间距 1.7m，锚索长 15m，共布 309 孔索，张拉锁定每孔应力 32kN。

（3）张拉顺序：顺时针间隔张拉。

（4）锚索防腐按边坡锚索施工相关规范执行。

3）工程效果

（1）此水池是马钢公司热电厂重要工程，又是第一次采用锚索抗浮，所以监理部门进行每孔锚索张拉锁定验收。结果是 100%锚索预应力锁定在设计值，所有锚索张拉伸长量与设计值之差不大于 12mm。

（2）该水池已服务 10 年之久，经过多场大雨尚未发生任何问题。

4）工程经验

（1）结构抗浮采用锚固时应首选压力型锚索。若需要大吨位锚固力应选压剪筒压力型锚索。

（2）二次压力注浆不一定必要，但一次注浆 2h 后进行补注浆是必需的。一方面将锚孔上部离析清水排走，另一方面将底板与地基土之间空隙充满水泥浆，以除孔隙水压力后患。

2.3.2　岩楔锚固

图 2-5 为地下硐室顶部一个欲滑岩楔（虚线部分），岩楔锚固采用全长锚固锚杆对其加固。

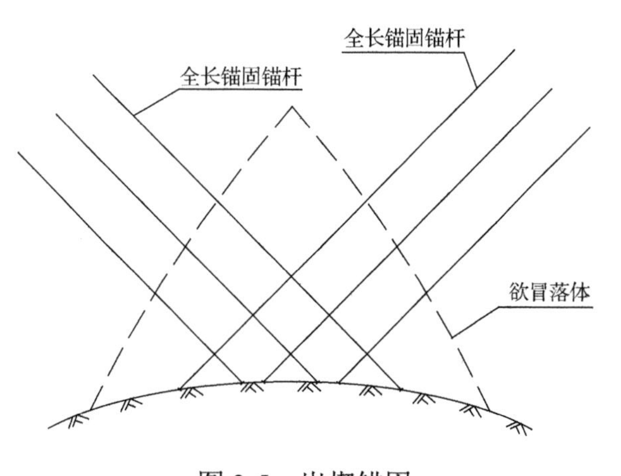

图 2-5　岩楔锚固

取力的平衡方程为

$$P = kW$$

式中：P——锚固力；

W——岩楔质量；

k——安全系数。

2.3.3　弱面岩体预先锚固

某地下水电站硐室侧帮有一组很发育的结构面恰好倾向于计划开挖的硐室侧帮，担心这些结构面滑落，用锚索预先锚固硐室弱面帮壁，如图 2-6 所示。

此时平行硐室开挖一条巷道。随着硐室以台阶向下开挖时由平巷向硐室侧帮安装锚索预先加固硐室围岩。

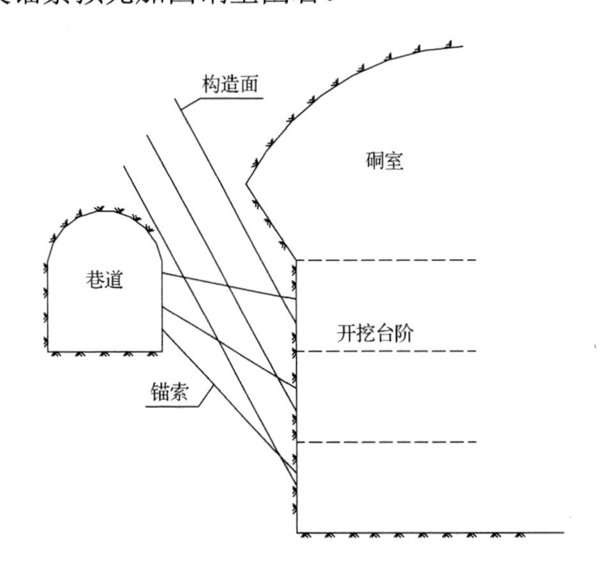

图 2-6　用锚索预先锚固硐室弱面帮壁

2.3.4　抵抗土坡滑塌锚固

某土坡发生滑塌时假定落面为圆弧状，图 2-7 所示为圆弧滑塌土坡锚固示意图。

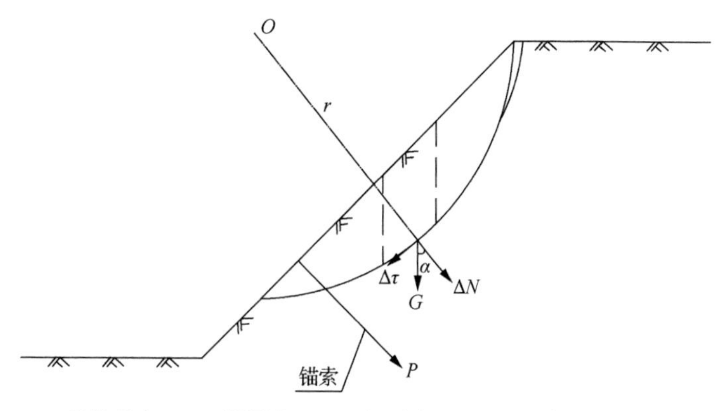

G—垂条重力；P—锚固力；α—滑动角；ΔN—重力的法向分力；
Δτ—重力的切向分力；r—滑动（剪切）面半径。

图 2-7 圆弧滑塌土坡锚固

此问题可按 K E Pettenson 的有限条分法求解。如图 2-7 所示，当作用于圆弧切面的力系弯矩大于使土坡发生滑塌的弯矩时，土坡的稳定就会得到维持。

$$\sum \Delta N \cdot f \cdot r + \sum c \cdot \Delta L \cdot r > \Delta \tau \cdot r \tag{2-15}$$

式中：ΔN——重力 G 的法向分力，$\Delta N = G \cdot \cos\alpha$；

f——土体摩擦系数（$f = \tan\varphi$，φ为内摩擦角）；

r——滑动（剪切）面半径；

c——土体黏结力；

ΔL——一条剪切面的宽度；

$\Delta \tau$——重力 G 的切向分力。

如图 2-7 所示，此时需要锚索锚固时，则锚固力 P 可由下式确定：

$$P = \frac{k \cdot \sum \Delta \tau - f \cdot \sum \Delta N - \sum c \cdot \Delta L}{k \cdot \sin\psi + f \cdot \cos\psi} \tag{2-16}$$

式中：k——土坡稳定安全系数；

ψ——锚索轴线与剪切面法线夹角，可以把摩擦角的余角作为ψ角，即$\tan\psi=\cot\varphi$。

2.3.5 抵抗倾倒锚固

结构是否会发生倾倒由转动边相关结构上的正、负弯矩来确定。

设M^-为对结构有利的负弯矩，M^+为对结构不利的正弯矩，则

$$k_\mathrm{p}=\frac{M^-}{M^+} \tag{2-17}$$

式中：k_p——抵抗倾倒的安全系数，一般取1.2～ 2.0。

对稳定有利的负弯矩完全取决于结构的重力和该重力中心至基础转动边的距离。

结构的稳定一般都可由施加锚固力的方法取得有效的改善。

锚固力的优越性是荷载中心可以位于距转动边的最大距离处。锚固力形成的弯矩与负弯矩一起平衡正弯矩，表达式为

$$P_\mathrm{p}\cdot r_\mathrm{p}+M^-=k_\mathrm{p}\cdot M^+ \tag{2-18a}$$

或

$$P_\mathrm{p}=\frac{k_\mathrm{p}\cdot M^+-M^-}{r_\mathrm{p}} \tag{2-18b}$$

式中：P_p——锚固结构抵抗倾倒所需的垂直作用于结构的锚固力；

r_p——根据结构形态确定的锚固力弯矩半径。

基于上述分析，高坝、挡土墙都可以充分利用锚固结构抵抗静水压力和土压力的倾覆。值得注意的是，当锚固是用以增加结构抵抗倾倒的安全度时，则对锚固施加预应力为宜。如果是采用非预应力锚固，那就只承受结构倾斜产生的应力，而不会发生力和弯矩的充分组合。

2.3.6 抵抗竖向位移锚固

竖向位移引起的破坏常发生于采用箱型基础的结构，这是由地下水的上浮力引起的。

为了保证结构的永久稳定，采用锚索将其锚固在下卧层中可以增加结构对竖向位移的抵抗力。

设锚固力、结构自重与上浮力平衡，则有下式成立：

$$A \cdot t_p \cdot \gamma_b + P = k_v \cdot A \cdot h \cdot \gamma_s$$

由此，

$$P = A\left(k_v \cdot h \cdot \gamma_s - t_p \cdot \gamma_b\right) \tag{2-19}$$

式中：γ_b——结构容重；

γ_s——水的容重；

h——底脚锚固面以上的地下水位高度；

A——基础面积；

t_p——底板厚度；

k_v——上浮安全系数；

P——锚固力。

2.3.7 抵抗沿基础线位移锚固

重力坝是典型的需要抵抗沿基础线位移的结构。此外，如桥墩、底脚、支座和其他类似承受切向力荷载的结构都适宜用锚固技术。

结构对水平位移的阻力决定于自重和基础面的摩擦系数。如果计算结果阻力与使结构产生于基础面的切向之比小于剪切破坏的安全系数时，应该对结构进行锚固。

基于上述分析，下述平衡关系成立。

$$N \cdot f + P_s \cdot f = k_s \cdot \tau \tag{2-20a}$$

或

$$P_s = \frac{k_s \cdot \tau}{f} - N \tag{2-20b}$$

式中：k_s——剪切破坏安全系数；

N——垂直作用于基础面的力；

τ——使结构产生位移的平行于基础面的切向力；

f——基础面的摩擦系数，$f = \tan\psi$；

P_s——垂直于基础面的锚固力。

若抵抗结构剪切破坏的锚固力作用线与基础面的法线成ψ角时，式（2-20b）修正为

$$P_s' = \frac{\tau - f \cdot N}{\sin\psi + \cos\psi} \tag{2-21}$$

锚固力与基础面法线最优倾角可对式（2-21）求导并令其为零来确定。

第 3 章　锚杆墙研究

据报道，1986 年法国进行的锚杆相关试验研究，得出的结论：锚杆最大张力点（中性点）不在孔口，而是离开孔口一定距离。1992 年调查，法国每年约有 10 万 m^2 工程是将锚杆用于公共工程边坡支护类型。德国修建的锚杆墙仅次于法国，德国当时至少建成 500 个锚杆墙工程。美国 1976 年开始从事加筋土的研究，后来转向锚杆墙研究与应用。1998 年 10 月美国交通部联邦公路总局编写的《土钉墙设计施工与监测手册》（我国学者佘诗刚于 2000 年译）引用本书作者 1983 年在第一届国际岩石锚固学术会议上提出的最大张力点（中性点）作为锚杆墙设计的理论基础。

经过多年工程实践，本书作者进一步认识到在岩土体中系统地安装锚杆应该把两者的结合视为一种单向连续锚杆增强复合材料。本章分析复合材料的应力-应变曲线，在此基础上进行锚杆墙的受力分析与计算。锚杆墙是动态施工工程，开挖、筑墙过程中土体不断发生应力重分布，能量不断发生转移。这个过程土体卸载、锚杆加载，如何判定墙体稳定状态，这就要求监测墙体位移和锚杆受力。

3.1 全长锚固锚杆复合材料模型建立

3.1.1 基本假设

现研究单向连续锚杆在土体（基体）中呈同向平行等距排列的增强复合材料，示意图如图 3-1 所示。

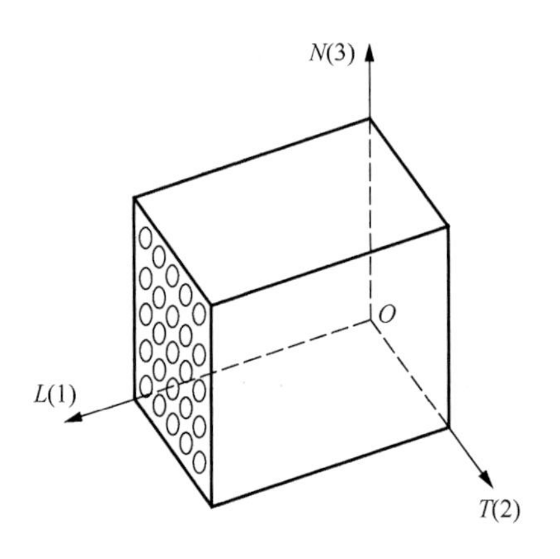

图 3-1 单向连续锚杆增强复合材料示意图

基本假设主要如下：

（1）各组分材料都是均匀的。锚杆平行、等距地排列，其性质、直径也是均匀的。

（2）各组分材料都是连续的，且单向复合材料也是连续的，即锚杆与土体结合良好。因此，当受力时其与锚杆相同的方向上各组分应变相等。

（3）各相在复合状态下的性能与未复合前相同，土体和锚杆是各向同性的。

（4）加载前，组分材料和单向复合材料无应力；加载后，锚杆与土体间不产生横向应力。

3.1.2　代表性体元

根据上述假设，单向复合材料宏观上是均匀的，因此可取一个单元体进行研究。

在代表性体元中，对于单向复合材料而言，其应力-应变在宏观上是均匀的，而从细观尺度来说，因为由两种不同材料构成，所以应力-应变又是不均匀的。利用代表性体元各组分材料应力-应变关系所反映的弹性性能和强度，可建立起单向连续锚杆增强复合材料应力-应变关系所反映的弹性性能和强度。根据这一思路，将分析复合材料的弹性性能和强度。

图3-1中的复合材料，将锚杆简化为矩形，用单元体表示［图3-2（a)］，且锚杆与单元体中土体的宽度相同，并取宽b_t为1，单元体中锚杆的厚度d_f与土体厚度d_m之比正好等于单向复合材料中锚杆体积含量与土体体积含量之比。单元体长度是任意的，为方便则取单位长度［图3-2（b)］。

本书作者把这样的正方体体积元作为代表性体元。

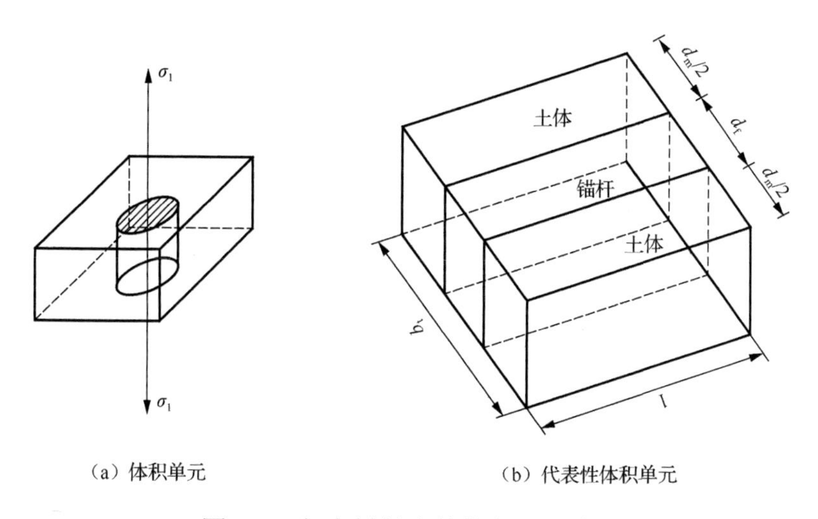

（a）体积单元　　（b）代表性体积单元

图3-2　复合材料中的体积元示意图

3.1.3 单向复合材料的纵向力学性能

1. 纵向弹性模量

设在代表性体元的锚杆方向上作用于复合材料上的力为P_L，则有

$$P_L = P_f + P_m \tag{3-1}$$

式中：P_L——作用在复合材料的力；

P_f——作用在锚杆上的力；

P_m——作用在土体上的力。

若用应力表示，则有

$$\sigma_L \cdot A_L = \sigma_f \cdot A_f + \sigma_m \cdot A_m \tag{3-2}$$

式中：σ_L、σ_f、σ_m——作用在复合材料、锚杆和土体上的应力；

A_L、A_f、A_m——复合材料、锚杆和土体的横截面面积。

各组分所占的体积分数为

$$V_f = \frac{A_f}{A_L}, \quad V_m = \frac{A_m}{A_L} \tag{3-3}$$

式中：V_f——锚杆体积分数；

V_m——土体体积分数。

因此

$$\sigma_L = \sigma_f \cdot V_f + \sigma_m \cdot V_m \tag{3-4}$$

由 3.1.1 节基本假设（2）可知

$$\varepsilon_L = \varepsilon_f = \varepsilon_m \tag{3-5}$$

式中：ε_L、ε_f、ε_m——复合材料、锚杆和土体的应变。

若应力-应变均遵循胡克定律，则

$$\sigma_{\mathrm{L}} = E_{\mathrm{L}} \cdot \varepsilon_{\mathrm{L}}，\quad \sigma_{\mathrm{f}} = E_{\mathrm{f}} \cdot \varepsilon_{\mathrm{f}}，\quad \sigma_{\mathrm{m}} = E_{\mathrm{m}} \cdot \varepsilon_{\mathrm{m}} \tag{3-6}$$

将式（3-5）、式（3-6）代入式（3-4）中得

$$E_{\mathrm{L}} = E_{\mathrm{f}} \cdot V_{\mathrm{f}} + E_{\mathrm{m}} \cdot V_{\mathrm{m}} \tag{3-7}$$

式（3-4）、式（3-7）表明，锚杆和土体对复合材料的力学性能所做的贡献与它们的体积分数成正比，这种关系称为混合定则。

由于$V_{\mathrm{f}} + V_{\mathrm{m}} = 1$，则式（3-7）可写成

$$E_{\mathrm{L}} = E_{\mathrm{f}} \cdot V_{\mathrm{f}} + E_{\mathrm{m}} \cdot \left(1 - V_{\mathrm{f}}\right) \tag{3-8}$$

试验表明当沿 L 向施加拉力时，试验结果与式（3-7）预测的结果接近。

2. 纵向应力-应变曲线

图 3-3 同时给出了土体、锚杆和复合材料的应力-应变曲线。可以看出，复合材料的应力-应变曲线处于锚杆和土体的应力-应变曲线之间。复合材料应力-应变曲线的位置取决于锚杆的体积分数。锚杆的体积分数越高，复合材料应力-应变曲线越接近锚杆的应力-应变曲线；反之，当土体的体积分数越高时，复合材料应力-应变曲线则接近土体的应力-应变曲线。

研究表明，复合材料的应力-应变曲线按其变形和断裂过程，可以分为四个阶段：

第一阶段锚杆和土体变形都是弹性的，如图 3-3 中阶段Ⅰ。

第二阶段锚杆的变形仍是弹性的，但土体的变形是非弹性的，如图 3-3 中阶段Ⅱ。

第三阶段锚杆和土体两者的变形都是非弹性的，如图 3-3 中阶段Ⅲ。

第四阶段锚杆断裂，进而复合材料断裂，如图 3-3 中阶段Ⅳ。

第一阶段直线段的斜率，即弹性模量E_L，可用式（3-8）来估算。

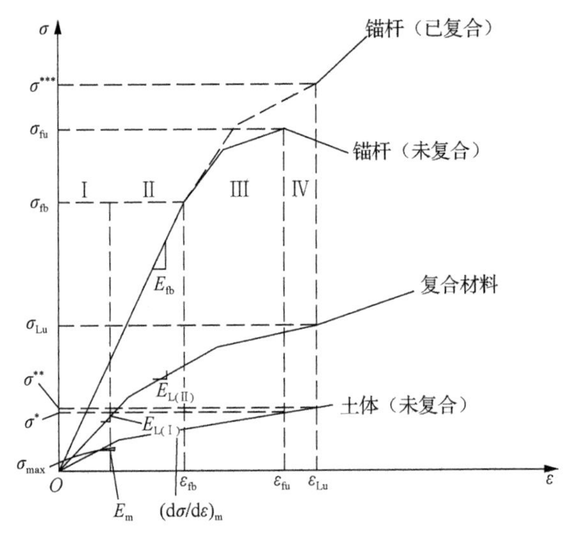

σ^*—土体应变量为ε_{fu}时的应力；σ^{**}—土体应变量为ε_{Lu}时的应力；

σ^{***}—复合材料应变量为ε_{Lu}时的应力。

图 3-3　土体、锚杆和复合材料应力-应变曲线

第二阶段占应力-应变曲线的大部分，复合材料工作状态（服役时）处于这个范围。

将式（3-4）对应变求导，得

$$\frac{d\sigma_L}{d\varepsilon}=\frac{d\sigma_{fb}}{d\varepsilon}\cdot V_{fb}+\frac{d\sigma_m}{d\varepsilon}\cdot(1-V_{fb}) \tag{3-9}$$

式中：$d\sigma_{fb}/d\varepsilon$——锚杆应力-应变曲线的斜率，在弹性范围内即为锚杆的弹性模量E_f。

由于锚杆控制了第二阶段的力学行为，所以$d\sigma_{fb}/d\varepsilon$即可表示复合材料第二阶段的弹性模量，得

$$E_L=E_{fb}\cdot V_{fb}+\left(\frac{d\sigma_m}{d\varepsilon}\right)_\varepsilon\cdot(1-V_{fb}) \tag{3-10}$$

式中：$\left(\frac{d\sigma_m}{d\varepsilon}\right)_\varepsilon$——应变为$\varepsilon$时土体应力-应变曲线的斜率。

第三阶段，从锚杆出现非弹性变形开始，锚杆就发生颈缩，土体对锚杆施加阻止颈缩的侧向约束，使颈缩的发生推迟。此时荷载主要由锚杆承担（阻止土体变形）。

第四阶段断裂发生时，因锚杆断裂应变ε_{fu}小于土体断裂应变ε_{mu}（$\varepsilon_{fu} < \varepsilon_{mu}$），锚杆先于土体发生断裂，因土体不能承受太大的外力而发生完全的失效。因此，复合材料的抗拉强度σ_{Lu}应为

$$\sigma_{Lu} = \sigma_{fu} \cdot V_{fb} + \left(\sigma_{m}\right)_{\varepsilon_{fb}} \cdot \left(1 - V_{fb}\right) \tag{3-11}$$

式中：σ_{Lu}——复合材料的抗拉强度；

σ_{fu}——锚杆的抗拉强度；

$\left(\sigma_{m}\right)_{\varepsilon_{fb}}$——锚杆达到断裂应变时土体所承受的应力。

3. 锚杆的临界体积分数

锚杆和土体组成的复合材料受拉时主要由锚杆承担。由式（3-11）可以看出，锚杆体积分数较低时，锚杆承受不了很大的荷载即发生断裂。我们的目的是使复合材料的抗拉强度σ_{Lu}大于土体单独抗拉强度σ_{mu}，即

$$\sigma_{Lu} = \sigma_{fu} \cdot V_{f} + \left(\sigma_{m}\right)_{\varepsilon_{f}} \cdot \left(1 - V_{f}\right) \geqslant \sigma_{mu} \tag{3-12}$$

$\sigma_{Lu} = \sigma_{mu}$时的$V_f$值为临界锚杆体积数$V_{cr}$。为了增强土体强度，锚杆的体积分数应大于这个临界体积分数。由式（3-12）得

$$V_{cr} = \frac{\sigma_{mu} - \left(\sigma_{m}\right)_{\varepsilon_{f}}}{\sigma_{fu} - \left(\sigma_{m}\right)_{\varepsilon_{f}}} \tag{3-13}$$

3.1.4　讨论

上述分析均建立在理想化模型基础上，与实际情况会有偏离，但所揭示出的定性规律对工程而言还是有指导意义的。

（1）由式（3-4）与式（3-7）可以看出锚杆和土体对复合材料的力学性能所做的贡献与它们的体积分数成正比。

（2）复合材料的纵向应力-应变曲线介于锚杆与土体应力-应变曲线之间，复合材料应力-应变曲线的位置取决于锚杆的体积分数。如果锚杆的体积分数越高，复合材料的应力-应变曲线越接近锚杆的应力-应变曲线；反之，当土体体积分数越高时，复合材料应力-应变曲线则越接近土体的应力-应变曲线。

（3）从锚杆的临界体积分数公式可以看出土体强度太低，不宜用其组成复合材料。

（4）复合材料的应力-应变曲线从变形到断裂的四个阶段在工程中具有重要意义。当到达变形的第二阶段时锚杆变形仍处于弹性阶段，而土体的变形进入非弹性阶段，这时土体与锚杆界面会发生应力转移，这是工程中要注意的，同时也可以利用这种过程，使应力向稳定区传递。

3.2　工程中锚杆墙若干问题

1. 锚杆墙的局限性

（1）具有流变特性的土和软黏土不宜用锚杆墙。

（2）对水平变形要求严格控制的工程不宜用锚杆墙。

2. 锚杆墙结构

锚杆墙由面层、锚杆和土体组成。面层由钢筋网喷射混凝土组成，要求锚杆垫板牢固与锚杆头焊接，其联结强度应大于锚杆体拉断强度。面层的作用是保证墙面的整体性、连续性，与锚杆一起约束面层内土体变形。此外，面层还具有应力传递和能量转移作用。

3. 锚杆受力过程

随着土体的开挖，土体中发生应力重新分布，伴生而来的是土体产生变形。弹塑性理论分析表明开挖面表面位移最大，向下快速减小。由于锚杆约束土体变形从墙面算起往下在一定范围内位移最大，因此这个范围内锚杆侧面与土体界面处摩擦阻力也最大。随着土体往下开挖，这个范围内土体与锚杆界面会发生应力往墙内方向转移，复合材料的应力-应变曲线将进入到第二阶段的中后期。最终形成在最大张力线处，锚杆轴力最大，剪应力为零。这是锚杆墙合理的设计。如图 3-4 所示，通常将最大张力线外侧靠近面层区域称为活动区，此区剪应力向外并趋向于把锚杆从土中拔出；最大张力线内侧远离面层区域称抵抗区，剪应力向内并倾向于阻止将锚杆拔出。

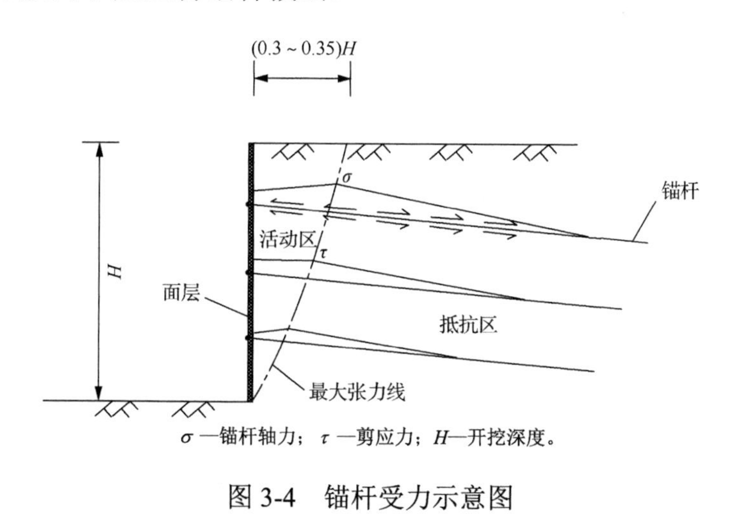

σ —锚杆轴力；τ —剪应力；H—开挖深度。

图 3-4　锚杆受力示意图

4. 锚杆墙潜在破坏模式

如图 3-5 所示，锚杆墙的潜在破坏模式大体上可分为：(a) 面层破坏；(b) 拉拔破坏；(c) 杆筋破坏。

5. 锚杆墙面层

理论分析和工程实践都表明锚杆墙墙面处变形（位移）最大，土体先进入塑性状态。由此，工程中锚杆墙处锚杆外端增加一个挡板，并与锚杆螺纹联结、焊牢。除此之外，还敷设一道钢筋网、喷射混凝土形成锚杆墙的面层。以上工程措施非常必要。作用有两方面：一方面限制墙面附近土体过大变形，避免破裂土体掉落；另一方面使锚杆的剪应力、轴向应力向墙体内部远端锚杆传递，使远端锚杆部分进一步发挥支护作用。

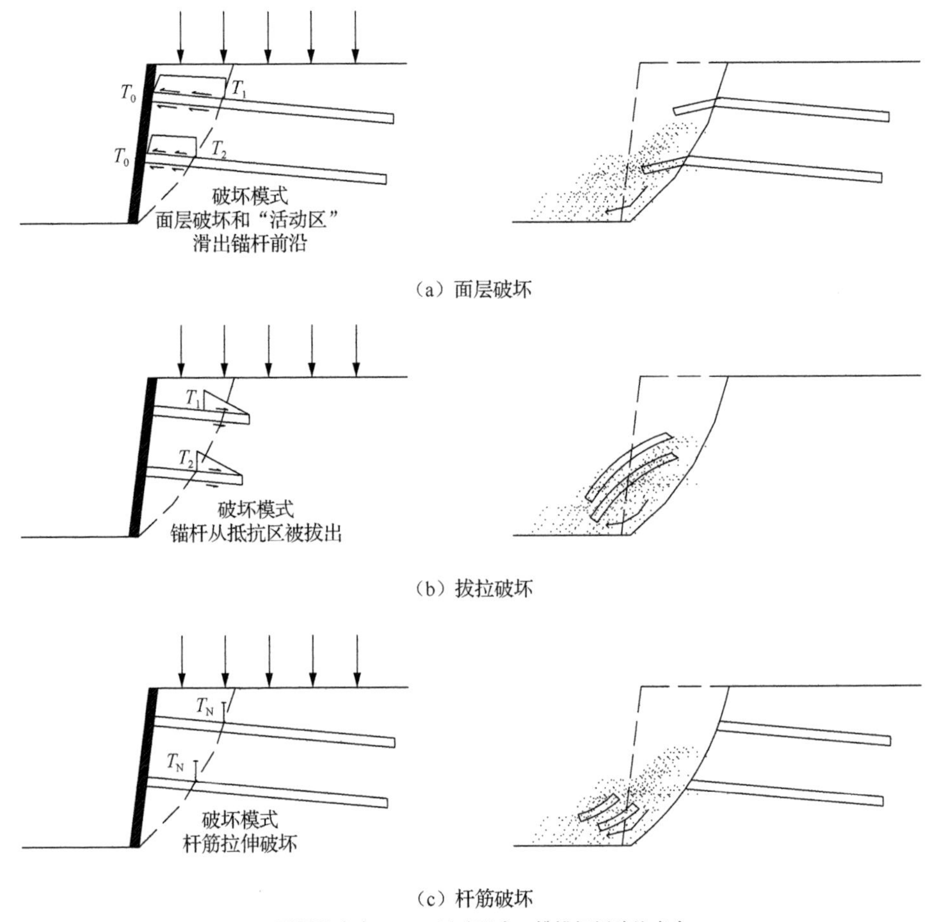

T_0 —面层约束力；T_1 —活动区内一排锚杆侧壁约束力；
T_2 —活动区内二排锚杆侧壁约束力；T_N —锚杆拉断破坏力。

图 3-5　锚杆墙的潜在破坏模式

锚杆墙后期活动区内锚杆轴力基本上是一直线（沿杆体方向均匀分布）。这一现象说明此时活动区内的锚杆侧壁基本上没有剪应力，相当于一根无侧限约束直杆拉伸。这种现象的形成是因为这部分的锚杆体因约束面层外移而受拉，同时又将拉力传递给抵抗区内锚杆体。

活动区内土体变形耗散的变形能转移给面层，活动区内锚杆因约束面层外移而受拉，同时又将这一拉力传递给抵抗区内的复合体，使抵抗区内复合体产生应力重分布，寻求新的平衡，从而得出结论：面层起传递应力和转移能量作用。

6. 锚杆墙安全系数

锚杆墙分层开挖，每层开挖都存在稳定问题，需要用安全系数来衡量其稳定。因此，锚杆墙的设计是动态的。一个优秀的锚杆墙设计，分层的安全系数自上而下应该逐渐增大，最终达到规范要求。值得注意的是，锚杆墙开挖到底时存在两个安全系数：一个是开挖完成瞬间的安全系数 $k_{瞬}$；另一个是最后一层锚杆施工安装完成并达到强度后的安全系数 $k_{终}$。如果 $k_{瞬}$ 过小，必将导致锚杆墙不稳。

3.3　锚杆墙的土力学基础

3.3.1　土体破坏的两种模式

土体破坏主要有拉伸破坏和剪切破坏。为了简化计算，现讨论无黏性土问题。

1. 拉伸破坏

具有水平表面的半无限土体中的破坏在 1875 年由朗肯（Rankine）

给出解答。

设 x 和 z 分别是水平和垂直坐标。根据对称性，显然在任何水平面或垂直面上没有剪应力，所以 σ_x 和 σ_z 都是主应力分量，而 τ_{xz} 等于零，当土体各处都处于破坏状态时

$$\sigma_3 = \sigma_1\left(\frac{1-\sin\varphi}{1+\sin\varphi}\right) \tag{3-14}$$

如果 $\sigma_x = \sigma_3 < \sigma_1 = \sigma_z$，则

$$(\sigma_x)_{\min} = \sigma_2\left(\frac{1-\sin\varphi}{1+\sin\varphi}\right) \tag{3-15a}$$

当式（3-15a）成立时发生破坏，称为主动压力破坏-拉伸破坏。这种情况是允许土体在水平方向膨胀（变形），这时得到的最小侧向土压力，也称主动土压力。

$$p_a = (\sigma_x)_{\min} = k_a\sigma_z \tag{3-15b}$$

式中：k_a——主动土压力系数，$k_a = \dfrac{1-\sin\varphi}{1+\sin\varphi}$。

2. 剪切破坏

假定破坏是沿滑动面土体下部边界某一滑裂面滑动的结果，当不计两端约束影响，这使分析简化为平面应变问题。

为了简化计算研究无黏性土坡。

3.3.2 抗剪强度和安全系数

土的抗剪强度若用有效应力表示，则有下式成立：

$$\tau_f = (\sigma_u - p_u)\tan\varphi' \tag{3-16}$$

安全系数 k：

$$k=\tau_{\mathrm{f}}/\tau \tag{3-17}$$

上述式中：τ_{f}——土体极限剪应力；

σ_{u}——法向应力；

p_{u}——孔隙压力；

φ'——土体内摩擦角；

k——安全系数；

τ——许用剪应力。

3.3.3　无黏性土剪切破坏

由式（3-16）和式（3-17）得

$$\tau=\tau_{\mathrm{f}}/k=\left(\sigma_{\mathrm{u}}-p_{\mathrm{u}}\right)\tan\varphi'/k \tag{3-18}$$

考虑半无限无黏性土体，坡面对水平面的倾角为 β，这种土坡的极限条件是 $\beta=\varphi'$，而且有一系列平面滑裂面与土坡平行。

为方便起见，x 取平行坡面方向（也与滑裂面平行），z 则取正交于坡面方向。

3.3.4　自由表面以上土坡稳定分析

自由表面以上的土坡如图 3-6 所示，此时孔隙压力 p_{u} 为零，故有

$$\tau_{\mathrm{f}}=\sigma_{z}\cdot\tan\varphi'$$

则

$$\frac{\partial\sigma_{x}}{\partial x}+\frac{\partial\tau_{xz}}{\partial z}+\gamma\sin\beta=0$$

$$\frac{\partial \sigma_z}{\partial z}+\frac{\partial \tau_{xz}}{\partial x}+\gamma\cos\beta=0$$

式中：γ——土体容重。

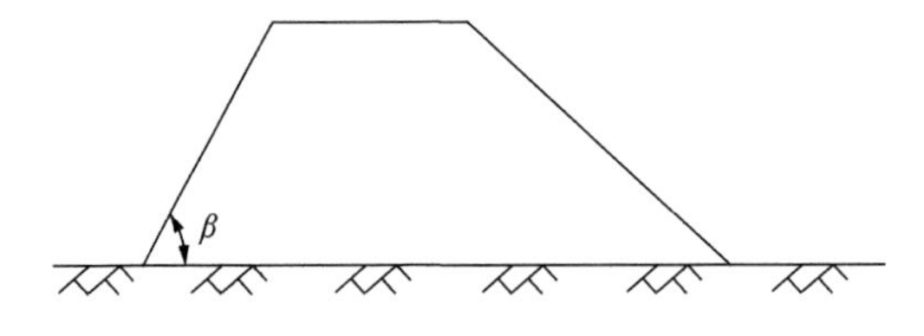

图 3-6　自由表面以上的土坡

若土坡很长，地面和它平行的潜在滑裂面之间所有土体单元情况应当都一样，因此，在这样一个面上，其法向应力和剪应力都是常量，而

$$\frac{\partial \sigma_x}{\partial x}=\frac{\partial \tau_{xz}}{\partial x}=0$$

则

$$\frac{\mathrm{d}\tau_{xz}}{\mathrm{d}z}+\gamma\sin\beta=0$$

$$\frac{\mathrm{d}\sigma_z}{\mathrm{d}z}+\gamma\cos\beta=0$$

因此

$$\frac{\mathrm{d}\tau_{xz}}{\mathrm{d}\sigma_z}=\frac{-\gamma\sin\beta}{-\gamma\cos\beta}=\tan\beta$$

由于在此面上σ_z或τ_{xz}均为零，故

$$\frac{\tau_{xz}}{\sigma_z}=\frac{\mathrm{d}\tau_{xz}}{\mathrm{d}\sigma_z}=\tan\beta$$

则

$$k=\frac{\tau_{\mathrm{f}}}{\tau_{xz}}=\frac{\sigma_z\cdot\tan\varphi'}{\tau_{xz}}=\frac{\tan\varphi'}{\tan\beta}\tag{3-19}$$

从式（3-19）可知，当土坡的坡角β大于土体内摩擦角φ'时，土坡就不稳定，在某个危险面上会产生滑动。

3.4　锚杆墙设计的力学计算

3.4.1　滑动面法设计力学计算

1. 黏性土坡总应力滑动面法

此法适用于饱和黏土不排水条件，此时

$$\begin{cases}\tau = \tau_{\mathrm{f}} / k = c_{\mathrm{u}} / k \\ \varphi_{\mathrm{u}} = 0\end{cases} \tag{3-20}$$

式中：τ ——破坏面上剪应力；

τ_{f} ——土体抗剪强度；

k ——安全系数；

c_{u} ——土体黏结力；

φ_{u} ——土体内摩擦角。

在黏性土中，土坡坡顶可能有裂缝展开，这种裂缝往往是破坏开始的第一个征兆，其深度 $z_c \approx 1.33 c_{\mathrm{u}} / \gamma$（$\gamma$ 为土体容重）。

当假定滑裂面为一圆弧时，安全系数可通过所有力对圆心取力矩平衡来确定，如图 3-7 所示。

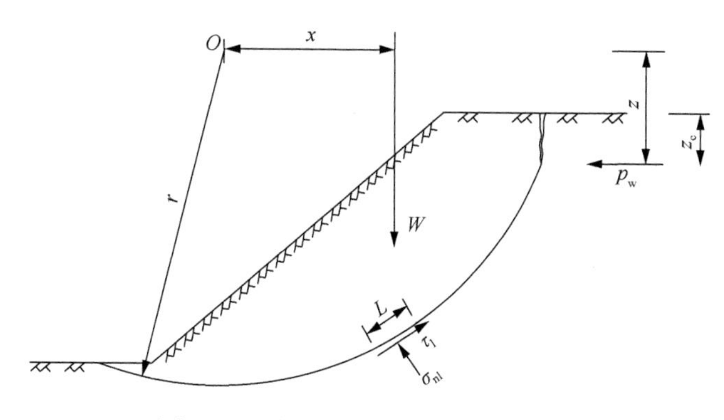

图 3-7　总应力分析——$\varphi_{\mathrm{u}} = 0$ 法

$$Wx + p_{\mathrm{w}} z_{\mathrm{c}} = \gamma \sum \tau L = \gamma \sum \frac{c_{\mathrm{u}} L}{k}$$

$$k = \frac{\gamma \sum c_{\mathrm{u}} L}{Wx + p_{\mathrm{w}} z_{\mathrm{c}}} \tag{3-21}$$

式中：k——安全系数；

γ——土体容重；

W——滑体重；

c_{u}——土体黏结力；

L——滑弧长度；

x——W的力臂；

z_{c}——p_{w}的力臂；

p_{w}——裂缝内静水压力。

2. 有效应力滑动面法

有效应力滑动面法土体破坏条件

$$\tau_{\mathrm{f}} = c' + (\sigma_{\mathrm{u}} - u)\tan\varphi' \tag{3-22}$$

式中：τ_{f}——土体抗剪强度；

c'——土体黏结力；

σ_{u}——正压力；

u——孔隙水压力；

φ'——土体内摩擦角。

安全系数定义为

$$\tau = \tau_{\mathrm{f}} / k = \frac{c'}{k} + (\sigma_{\mathrm{u}} - u)\frac{\tan\varphi'}{k} \tag{3-23}$$

式中：τ——允许剪应力；

k——安全系数。

有效应力滑动面法一般采用条分计算。这方面有费莱纽斯法（Fellenius，1927）、毕晓普法（Bishop，1960）、摩根斯顿和普赖斯法（Morgenstern，Price，1965）、斯潘塞法（Spencer，1973）等。这些方法可在不同条件下求出最危险滑动面，它的投影就是最大张力线。因此，有效应力分析的条分法目前应用最广，计算结果比较接近工程实际。

3.4.2 朗肯土压力法设计计算

前面已经给出朗肯主动土压力公式（3.3 节），但是无法直接确定最大张力线。

我们知道对于硬土或已排水的土坡拉伸破坏往往是客观存在的，因此土压力法工程上是需要的。

土压力法的核心是确定最大张力线。国内外都有确定最大张力线的经验方法，本书作者在前人工作基础上结合理论依据整理了确定最大张力线的近似方法。

朗肯用滑动线场做出的水平表面半无限土体中主动土压力引起的破坏有一簇滑动线与水平面夹角为$45^{\circ}\pm\varphi/2$。我们有理由将这条斜线视为土坡底部最大张力线。

现场观察表明，土坡顶部拉伸破坏产生的裂缝是垂直的，距边部经验数值为（0.3～0.35）H。我们将这条垂直线视为土坡上部最大张力线。这样，斜线与直线相交就构成一条双折线。我们将其视为土压力法的最大张力线，如图 3-8 所示。

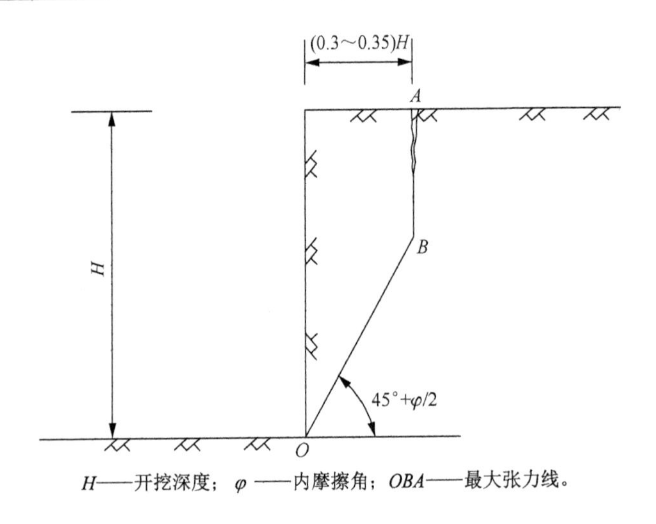

图 3-8　朗肯土压力法最大张力线

确定了最大张力线的位置，若给出安全系数 k 值，则锚杆墙的设计计算就迎刃而解了。

3.5　锚杆墙排水与监测

3.5.1　排水

排水是关系到锚杆墙长期稳定的重要举措。工程已经有足够的方法、手段排水，如面层排水、浅层排水（排水孔）、水平排水和深层排水沟等。

但是一旦水源未控制好，或局部区域的渗漏产生的地下水流沿着锚杆墙下部流出，那将是可怕的事。

下面举例分析一个自由表面以下无黏性土坡下部渗水对其稳定性的影响。

假定在河的下游有一土坝，透水边界土坡如图 3-9 所示。

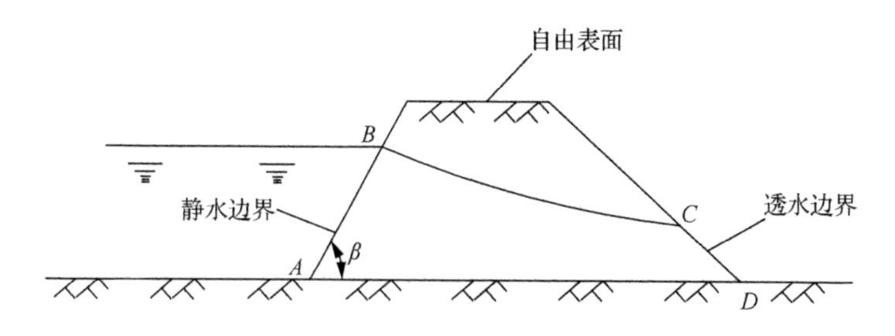

图 3-9　透水边界土坡

此时孔隙水压力大于零，它的安全系数确定公式为

$$k=\frac{i_{\mathrm{c}}\cdot\cos\beta-i_z}{i_{\mathrm{c}}\cdot\sin\beta-i_x}=\tan\varphi'$$

式中：k——土坡安全系数；

i_{c}——向上垂直出流的临界水力坡降；

i_z——z 方向水力坡降；

i_x——x 方向水力坡降；

φ'——土体内摩擦角；

β——土坡角。

假定 $\varphi'=30°$，$\beta=20°$，$i_{\mathrm{c}}=0.9$。AB 面静水条件 $i_z=i_x=0$，CD 面为透水边界 $i_z=0.1$，则：

（1）静水条件 AB 面

$$k=\frac{\tan 30°}{\sin 20°}=1.69$$

（2）透水边界 CD 面

$$k=\frac{0.9\cos 20°}{(0.9+1)\sin 20°}\cdot\tan 30°=0.75$$

这说明土坡透水时，安全系数降低一半会导致土坡不稳。

3.5.2 监测

1. 监测内容

从锚杆墙的土力学基础可知，朗肯土压力是从土体处于极限平衡状态导出的。开挖将引起土体应力重分布，使原来平衡的土体受力状态改变，即土体内部应力与应变发生变化，使一部分土体渐渐达到其抗剪强度极限，当这一部分土体发展到足够大时，可形成不稳定的机理，使土体产生无限的屈服。朗肯分析时假定屈服条件与应变无关，因此，应力-应变曲线屈服后是水平线，称为完全塑性。在这种情况下，屈服条件与破坏条件是相同的。

上述分析明确指出，在墙体内没有必要测土体的应力、应变，工程中只要求总位移。了解朗肯主动土应力是否形成，只需监测墙顶水平位移。了解墙体是否产生滑塌只需观测墙下部的位移和底鼓。垂直沉降是水平位移的函数。当发生水平位移时必然产生垂直沉降。

此外，锚杆墙是由锚杆与土体组合而成的单向连续锚杆增强的复合材料。从复合材料的应力-应变曲线可以看出锚杆墙服务过程中主要是应力-应变曲线的弹塑性阶段。这一阶段主要是锚杆的贡献。因此锚杆受力观测是必需的，而且是主要的。

本书作者认为水平位移和垂直沉降的观测主要是对极限状态的了解，即报警。锚杆墙的工作状态与稳定状态主要靠锚杆受力观测。

2. 监测、仪器、布点

1）水平位移

仪器：位移计、收敛计、全站经纬仪。要求顶、底布点，测点数不少于 2×5 个。

2）垂直沉降

仪器：精密水准仪精密。要求墙顶布点、测点数量不少于 5 个。

3）底鼓

仪器：精密水准仪。要求墙底布点，测点数不少于 5 个。

4）锚杆受力

仪器：量测锚杆。要求墙体上中下布置量测锚杆，数量不少于 3×5 个。

3.5.3　小结

本章最后梳理以下锚杆墙设计思路：

（1）1983 年孙学毅在第一届国际岩石锚固学术会议上提出锚杆在约束岩土体变形受力过程有一个“中性点”（最大张力点），中性点处轴力最大，剪应力为零。这一论点奠定了锚杆墙设计的理论基础。本书作者研究的仅是一根锚杆，对于锚杆墙而言，在立面上锚杆中性点的连线可称为最大张力线。最大张力线外侧的土体向外移动称“活动区”。最大张力线内侧土体阻止活动区土体向外移动，称“抵抗区”。在空间上（沿锚杆墙长度方向），最大张力线就成为滑动面。此时我们完全可以求出滑动面外侧的滑动力，当根据工程需要确定了安全系数 k 之后，所需抵抗区的阻滑力（抵抗力）迎刃而解。

（2）孙学毅在 1983 年发表的论文附图中公布了我国 1975～1977 年在地下巷道中观测得到的受力锚杆中性点随着时间向围岩深部移动。这说明巷道周边应力分布随时间变化是一个动态过程。这启发本书作者将锚杆与土体的组合视为一种单向连续锚杆增强复合材料，从理论上研究了这种单向连续锚杆增强复合材料的应力-应变曲线。

（3）以往锚杆墙的设计都把它视为静态构筑物，只用极限平衡来分析。

实际上锚杆墙是由锚杆与土体组合成的单向连续锚杆增强复合材料的构筑物。一般情况锚杆墙都经过开挖或削坡筑成。这个过程中要安装锚杆、构筑面层。对于一个自重应力场，开挖、削坡对土体而言，初期是一个卸载过程；对锚杆是一个加载过程。总体上分析复合材料是一个受力过程。这种情况就要研究锚杆和土体组成复合材料的应力-应变曲线。

研究发现土体与锚杆组成的复合材料主要应用在应力-应变曲线的第Ⅱ阶段和第Ⅲ阶段前半部（第Ⅱ阶段，锚杆处于弹性变形阶段，土体处于弹塑性变形阶段；第Ⅲ阶段，锚杆处于弹塑性变形阶段，土体处于塑性变形阶段），这告诉我们，锚杆墙设计时主要利用复合材料的第Ⅱ阶段。

（4）应该清醒地认识到，锚杆墙是从上向下分层开挖形成的。这个过程土体发生应力重分布、变形。随着向下开挖，锚杆剪应力τ和轴向应力σ逐渐向内（抵抗区）传递，即中性点向内移动。这个过程体现着复合材料应力-应变曲线从一个阶段发展到另一个阶段。

（5）以往的分析中只注重面层的挡土，分析认为面层的另一个作用是复合材料中的应力传递。应力传递过程是能量转移过程，此时土体耗散的能量转移给锚杆体，使土与锚杆组成的复合杆体处在一个新的平衡状态。

当面层与锚杆的连接强度大于锚杆体的破断强度时，这个条件保证了随着墙体逐渐向下开挖，锚杆体的最大张力点逐渐向内移，最终停止在设计的最大张力线位置上。这个过程非常明确：此时活动区内锚杆侧壁已经发生剪切破坏，侧壁剪应力几乎为 0，只有轴向拉力。当锚杆墙逐渐向下开挖时，在面层的作用下锚杆轴向拉力不断增加，锚杆侧壁将发生渐进式剪切破坏。这必将导致最大张力点逐渐向岩体内部转移。

（6）在墙面处$\sigma_3 = 0$，$\sigma_1 = \gamma H$，则$\tau \approx \gamma H / 2$，若$\tau_{\mathrm{f}} > \gamma H / 2$，则土体不可能发生剪切破坏。因此锚杆墙不高，土质的黏结力c、内摩擦角φ较大时推荐采用土压力法设计锚杆墙。

（7）锚杆墙设计应遵循以下步骤。

① 选定锚杆体直径及屈服强度。

② 确定最大张力线。

③ 确定作用在活动区单元内总水平推力。

④ 确定安全系数。

⑤ 确定锚杆孔壁剪切强度。

⑥ 确定锚杆外端与面层联结强度应大于锚杆的拉断力，即

$$R > \frac{\pi a^2}{4} \cdot f_{\mathrm{yk}}$$

式中：R——锚杆体与面层联结强度；

a——锚杆体直径；

f_{yk}——锚杆体材料屈服强度。

⑦ 一般初定锚杆间距d为 1～1.5m。

⑧ 一般初定锚杆长度L为（0.7～0.8）H（H为锚杆墙高度）。

⑨ 划分单元，一般单元宽度与锚杆间距d相同。

⑩ 计算抵抗区内最小的锚杆总长度。

已知

$$\frac{\pi D_{\text{孔}} \cdot L_{\text{总}} \cdot \tau_c}{F} = k$$

则

$$L_{总} = \frac{kF}{\pi D_{孔} \cdot \tau_c}$$

式中：$L_{总}$——单元内锚杆最小总长度；

k——安全系数；

F——单元内活动区总水平推力；

$D_{孔}$——锚杆孔直径；

τ_c——锚杆孔壁与锚固体间剪切强度。

⑪ 校核试算结果是否满足设定的 d 与 L。否则重新设定再试算，直至满足要求为止。

⑫ 建议同一个锚杆墙采用土压力法与滑动面法同时计算，判定后取其一。

第二篇　岩土体动态施工力学

第 4 章　地下开挖岩体时空效应

1995 年，朱维申等发表《复杂条件下围岩稳定性与岩体动态施工力学》一文，使本书作者深刻认识到：岩体动态施工力学是岩体力学研究走向深化的一个重要标志，同时也使本书作者认识到土体开挖更需要施工力学，因为土体的时空效应更显著。

在朱维申教授的指引下，本书作者总结多年在岩土体开挖中的经验，认为岩土体动态施工力学应包括动态规划和施工力学两方面内容。

1. 动态规划

岩土工程在开挖前，首先要进行动态规划。动态规划不是一种算法，而是构造解决问题的途径。动态规划要达到的目标是在同样的投资条件下得到的效果最好。换言之，在同样安全系数的条件下使投资最少。

为了达到这个目标，需要构筑一个目标函数，用以评价规划效果。对于岩土体开挖，本书作者提出：将开挖岩体时空效应作为目标函数。经过动态规划，使支护结构力学特性与岩土体的时空效应相响应（顺应）。

2. 施工力学

利用力学原理使动态规划具有可行性、科学性。工程中常采用两种或几种支护结构组合，这就需要用叠加原理判定能否直接组合。边坡工程有时采用大吨位、大间距预应力锚索加固。由于岩体是多裂隙地质体，此时应先用圣维南原理判明加固效果。工程中常碰到复杂边界条件，应用圣维南原理可使问题得到简化。

工程中常需要将两种力学特性不同的支护结构组合，如预应力锚索与全长锚固锚杆组合，两者的平衡条件相反，应变相容条件不同，不能直接组合。但经过动态规划改进全长锚固锚杆结构和调整安装工艺可使两者直接组合，达到支护的效果叠加。

4.1　硐室变形压力公式

这个公式由芬纳（Fenner）导出，所以也称芬纳公式（徐志英，1993）。

设圆形硐室的半径为 r_0，在 r=R 的可变范围内出现塑性区，芬纳求得将塑性圈维持在 R 值时所需施加在硐壁上的径向压力（支护反力）P_i 为

$$P_i = -c \cdot \cot\varphi + [c \cdot \cot\varphi + P_0(1-\sin\varphi)]\left(\frac{r_0}{R}\right)^{N_\varphi - 1} \tag{4-1}$$

式中：c——岩体黏结力；

φ——岩体内摩擦角；

P_0——岩体初始应力，一般 P_0=γH；

r_0——硐体半径；

R——塑性圈半径；

N_φ——变量，$N_\varphi = \dfrac{1+\sin\varphi}{1-\sin\varphi}$。

4.2　塑性圈半径公式

对变形压力公式进行改写，即

$$R = r_0 \left[\frac{P_0(1-\sin\varphi) + c\cot\varphi}{P_i + c\cot\varphi} \right]^{\frac{1-\sin\varphi}{2\sin\varphi}} \tag{4-2}$$

式（4-2）即为塑性圈半径公式。

从上式中可以看出塑性圈半径 R 随着 P_i 的减小而增长。令式（4-2）中 P_i=0，得

$$R_0 = r_0 \left[1 + \frac{P_0}{c}(1-\sin\varphi)\tan\varphi \right]^{\frac{1-\sin\varphi}{2\sin\varphi}} \tag{4-3}$$

式中：R_0——塑性圈最大半径。

4.3　塑性位移公式

设塑性圈的外边界（即与弹性区交界面）的径向位移为 u_{B}，内边界的径向位移为 u_{R}（即硐壁向硐内的位移）。根据弹塑性界面处应力、位移连续条件求得位移公式。

1）外边界径向位移 u_{B}

$$u_{\mathrm{B}} = \frac{(1+\mu)R}{E}(P_0 - \sigma_{\mathrm{r,B}}) \tag{4-4}$$

式中：μ——岩体的泊松比；

E——岩体弹性模量；

R——塑性圈的半径；

P_0——岩体初始应力，一般 $P_0=\gamma H$；

$\sigma_{r,B}$——弹塑性交界面处径向应力，$\sigma_{r,B}=-c\cdot\cot\varphi+(P_0+c\cdot\cot\varphi)(1-\sin\varphi)$。

2）内边界径向位移 u_R

$$u_R=r_0(1-\sqrt{1-B}) \tag{4-5}$$

式中：u_R——硐壁位移；

B——变量，$B=\left[2-\dfrac{1+\mu}{E}\sin\varphi\left(P_0+c\cdot\cot\varphi\right)\right]\dfrac{1+\mu}{E}\sin\varphi\ (P_0+c\cdot\cot\varphi)\times\left[\dfrac{P_0(1-\sin\varphi)+c\cdot\cot\varphi}{P_i+c\cdot\cot\varphi}\right]^{\frac{1-\sin\varphi}{2\sin\varphi}}$。

上式表明内边界径向位移 u_R 与支护反力 P_i 有关，支护反力 P_i 越大，u_R 越小。

4.4　地下工程动态施工喷锚支护原理

地下硐室开挖后，围岩便开始逐渐向硐内径方向变形。在硐壁敷设钢筋网喷射 5～7cm 厚混凝土，安装全长锚固锚杆，间隔一段时间再喷射混凝土，总厚度达 20～25cm，完成支护。

这种支护方法起源于奥地利隧道工程中，称为新奥地利隧道施工方法（new Austrian tunneling method，NATM），简称新奥法。

新奥法中喷射混凝土及时且与围岩紧密贴合，锚杆约束围岩径向变形。新奥法的支护特点是允许围岩变形又限制围岩变形，充分利用围岩的自承能力，使得围岩在与喷锚支护共同变形的过程中取得自身的稳定。

下面我们用变形压力公式（芬纳公式）来说明喷锚支护的原理。从芬纳公式［式（4-1）］可以看出围岩稳定所形成的塑性圈半径 R 越大，所需提供的支护反力 P_i 越小；反之，R 越小，所需 P_i 就越大。由于塑性圈半径 R 的大小也表现为硐室表面内边界径向位移 u_R 的大小。因此，围岩稳定所需的 P_i 亦可表达成硐室表面内边界径向位移的函数，即

$$P_i = f(u_R)$$

同样，围岩稳定时，硐室表面的内边界径向位移 u_R 愈大，所需的支护反力 P_i 愈小；反之 u_R 愈小，所需 P_i 愈大。喷锚支护的原理可用图 4-1 来说明。

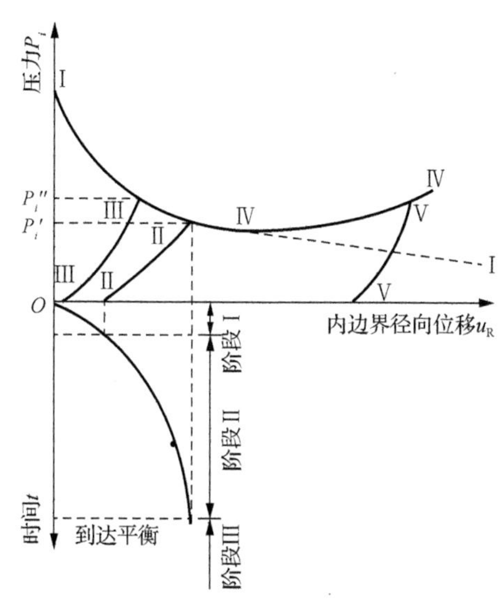

图 4-1　喷锚支护时空效应原理

图中Ⅰ－Ⅰ曲线表示用芬纳公式求得的 P_i 随 u_R 增大而减小的关系。如果开挖后立即喷射混凝土、安装锚杆，则锚杆与围岩同时变形。当 u_R 增大时（即 R 增大时）所需支护约束力按曲线Ⅰ－Ⅰ而减小，同时，因为锚杆在同围岩的共同变形中产生相应的拉伸变形，所以它对围岩提供的约束力 P_i 也逐渐增大，如图中曲线Ⅱ－Ⅱ所示。当 u_R 发展到一定值时，曲线Ⅱ－Ⅱ与曲线Ⅰ－Ⅰ相交。这时硐室变形即达到稳定平衡，锚杆

伸长提供的约束力为 P_i'。

可以看出，曲线Ⅱ-Ⅱ反映了锚杆支护的刚度特性，锚杆支护的刚度愈大（曲线Ⅲ-Ⅲ），则平衡时锚杆伸长产生的约束力 P_i 也愈大，如图 4-1 所示，$P_i''>P_i'$。

需要注意的是：锚杆支护刚度主要决定锚杆布置密度。

因此，不但要求喷锚支护施作及时，与围岩贴合度高，而且还要有一定的柔韧性，以保证足够的 u_R 和足够大的塑性圈。这样锚杆所需提供的约束力可大大减小。可是这种约束力的减小是有限度的，因为 u_R 增大是有限度的，当 u_R 过大时会导致围岩松动，锚杆约束力 P_i 不再像曲线Ⅰ-Ⅰ那样一直降低下去，而且可能增长起来，如曲线Ⅳ-Ⅳ所示。这种急剧增大反映"松动压力"的出现。与曲线Ⅴ-Ⅴ交点对应的 P_i 值为松动压力，显然较大。

图 4-1 中内边界径向位移 u_R 与时间 t 的关系，图上分三个阶段，阶段Ⅰ表示喷锚尚未施工，岩体不受约束，自由地向硐室空间变形。阶段Ⅱ表示开始进行喷锚支护，由于来自锚杆约束反力，变形增长的速率趋于减小，随着硐径变形愈来愈受到锚杆的约束，变形速率愈来愈小。阶段Ⅲ，喷锚支护完成一段时间之后，当锚杆的约束反力与硐壁应力 P_i' 相等，产生平衡，变形就停止了。

从上述分析可以看出：喷锚支护是动态施工的范例。它充分体现了施工工艺与岩土体的时空效应相顺应。这种顺应岩土体时空效应的施工工艺和设计原理适合岩土工程开挖之后逐渐调整的应力重新分布过程。在岩土体应力能量转移过程中充分利用岩土体的自承能力，使支护代价达到最小。

4.5　软弱或破碎岩体中巷道锚喷支护流变学分析

1977 年刘宝琛从事从流变学观点探讨喷锚支护机理研究（刘宝琛 1977；刘宝琛，1979）。当时本书作者正在徐芝纶院士的弹性力学研究生班学习，在刘宝琛指导和影响下，对山东张家洼矿区进行观测和研究（孙学毅，1980，1985，2004a）。

4.5.1　巷道围岩应力、位移的理论分析

1）没有支护条件下围岩应力、位移与时间的关系

根据开尔文和太沙基的研究可用如图 4-2 所示的开尔文黏弹性流变力学模型来理想地表示破碎或软弱岩体的流变性质。物态方程本构关系为

$$\sigma = E\varepsilon + \eta \frac{\mathrm{d}\varepsilon}{\mathrm{d}t} \tag{4-6}$$

式中：η——黏滞系数；

t——时间。

当 $\sigma = \sigma_0$ 为常数时

$$\frac{\mathrm{d}\varepsilon}{\mathrm{d}t} + \frac{E}{\eta}\varepsilon = \frac{1}{\eta}\sigma_0 \tag{4-7}$$

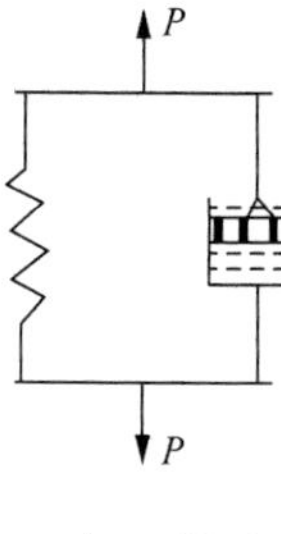

图 4-2　岩石的流变模型

我们研究一个圆形巷道在 $\lambda=1$ 的情况下应力与变形。认为仅发生线性流变，根据式（4-6）由弹性理论得应力与应变的状态方程为

$$\begin{cases}\sigma_r - P = 2G\left(\varepsilon_r - \varepsilon_{\mathrm{cp}}\right) + 2\eta\left(\dfrac{\mathrm{d}\varepsilon_r}{\mathrm{d}t} - \dfrac{\mathrm{d}\varepsilon_{\mathrm{cp}}}{\mathrm{d}t}\right) \\ \sigma_\theta + P = 2G\left(\varepsilon_\theta - \varepsilon_{\mathrm{cp}}\right) + 2\eta\left(\dfrac{\mathrm{d}\varepsilon_\theta}{\mathrm{d}t} - \dfrac{\mathrm{d}\varepsilon_{\mathrm{cp}}}{\mathrm{d}t}\right)\end{cases} \tag{4-8}$$

式中：σ_r——径向应力；

σ_θ——环向应力；

P——初始应力；

G——岩体剪切模量；

ε_r——径向应变；

ε_θ——环向应变；

$\varepsilon_{\mathrm{cp}}$——平均应变。

对于黏弹性变形可以假设体积不可压缩，此时

$$\varepsilon_{\mathrm{cp}} = 0, \frac{\mathrm{d}\varepsilon_{\mathrm{cp}}}{\mathrm{d}t} = 0 \tag{4-9}$$

即 $\varepsilon_r+\varepsilon_\theta=0$ 或 $\varepsilon_r=-\varepsilon_\theta$，则式（4-8）为

$$\begin{cases}\sigma_r = 2G\varepsilon_r + P + 2\eta\dfrac{\mathrm{d}\varepsilon_r}{\mathrm{d}t} \\ \sigma_\theta = 2G\varepsilon_\theta - P + 2\eta\dfrac{\mathrm{d}\varepsilon_\theta}{\mathrm{d}t}\end{cases} \tag{4-10}$$

对于极对称平面问题，由于体积应变为零，有

$$\varepsilon_r = \frac{\partial u}{\partial r}, \varepsilon_\theta = \frac{u}{r} \tag{4-11}$$

$$\frac{\partial u}{\partial r} + \frac{u}{r} = 0 \tag{4-12}$$

解得

$$u=\frac{A(t)}{r} \tag{4-13}$$

式中 $A(t)$是待定的仅为时间 t 的函数。于是

$$\begin{cases}\varepsilon_r=\dfrac{\partial u}{\partial r}=-\dfrac{A(t)}{r^2}\\ \varepsilon_\theta=\dfrac{u}{r}=\dfrac{A(t)}{r^2}\end{cases} \tag{4-14}$$

$$\begin{cases}\dfrac{\mathrm{d}\varepsilon_r}{\mathrm{d}t}=\dfrac{\mathrm{d}^2u}{\mathrm{d}r\mathrm{d}t}=-\dfrac{1}{r^2}\dfrac{\mathrm{d}A(t)}{\mathrm{d}t}\\ \dfrac{\mathrm{d}\varepsilon_\theta}{\mathrm{d}t}=\dfrac{1}{r}\dfrac{\mathrm{d}r}{\mathrm{d}t}=\dfrac{1}{r^2}\dfrac{\mathrm{d}A(t)}{\mathrm{d}t}\end{cases} \tag{4-15}$$

将式（4-14）、式（4-15）代入式（4-10）得应力表达式为

$$\begin{cases}\sigma_r=P-\dfrac{1}{r^2}\left[2GA(t)+2\eta\dfrac{\mathrm{d}A(t)}{\mathrm{d}t}\right]\\ \sigma_\theta=-P+\dfrac{1}{r^2}\left[2GA(t)+2\eta\dfrac{\mathrm{d}A(t)}{\mathrm{d}t}\right]\end{cases} \tag{4-16}$$

利用边界条件：$r=R_0$时，$\sigma_r=0$代入式（4-16）得

$$\frac{\mathrm{d}A(t)}{\mathrm{d}t}+\frac{G}{\eta}A(t)=\frac{{R_0}^2P}{2\eta} \tag{4-17}$$

利用初始条件：$t=0$时 $A(0)=0$，解式（4-17）得

$$A(t)=\frac{{R_0}^2P}{2G}\left(1-\mathrm{e}^{-\frac{G}{\eta}\cdot t}\right) \tag{4-18}$$

理论上，t=0 时 $A(0)=\dfrac{{R_0}^2P}{2G}$，但它是瞬时完成的量与支护无关，故令 t=0 时 $A(0)=0$，将 $A(t)$、$\dfrac{\mathrm{d}A(t)}{\mathrm{d}t}$代入式（4-13）、式（4-16）得围岩

的应力、位移表达式为

$$\begin{cases} \sigma_r = P\left(1 - \dfrac{R_0^{\ 2}}{r^2}\right) \\ \sigma_\theta = P\left(1 + \dfrac{R_0^{\ 2}}{r^2}\right) \\ u = \dfrac{R_0^{\ 2}P}{2Gr}\left(1 - \mathrm{e}^{-\frac{G}{\eta}\cdot t}\right) \end{cases} \tag{4-19}$$

上述式中：G——岩体长期剪切模量；

η——岩体的黏性系数；

P——岩体初始应力，$P=\gamma H$（其中，γ为岩体平均容重，H为巷道深度）；

R_0——巷道半径；

r——点的极径坐标；

σ_r——围岩径向应力；

σ_θ——围岩环向应力；

u——围岩径向位移；

t——时间，从开巷后及时算起。

分析式（4-19）可以看出：在无支护情况下围岩应力分布与时间无关，巷道开挖后应力重分布立即完成。围岩位移随时间增加而增大。

将式（4-19）对时间微分得位移速度表达式为

$$\dot{u} = \frac{R_0^{\ 2}P}{2\eta r} \cdot \mathrm{e}^{-\frac{G}{\eta}\cdot t} \tag{4-20}$$

分析式（4-20）可以看出：

（1）围岩的位移速度在 $t=0$ 时最大，$\dot{u}_{\max} = \dfrac{R_0^{\ 2}p}{2\eta r}$。随着时间的增加

位移速度呈指数关系递减得相当快，最后为零；

（2）岩体的剪切模量 G 越大，岩体黏性系数越小，位移速度递减得越快，巷道达到稳定的时间越短；

（3）最大位移 u_{max} 与巷道半径、巷道所处深度呈正比，与岩体黏性系数呈反比。

锚喷支护是深入岩体内部与围岩密贴，支护的载荷是围岩变形的结果，所以支护载荷增加的速度也必然是初始最大，随着时间的增加很快减缓。通过上述分析可以得出：锚喷联合支护时，巷道开挖后立即安装砂浆锚杆，利用围岩变形最快的一段时间使锚杆向围岩提供约束力，使围岩趋于稳定，然后间隔一段时间待围岩位移缓慢时进行第二次喷射混凝土。这样做的结果可以发挥砂浆锚杆的支护作用，同时减小喷层载荷，有利于支护的稳定。

2）在支护作用下围岩应力、位移与时间的关系

支护完成后由于围岩继续变形迫使支护相应地变形而使支护受载。同时支护也必然给围岩大小相等、方向相反的作用力，它将引起围岩应力的重新分布，并缓和围岩的变形。当围岩继续变形时，支护荷载增加，其反作用力也增加，围岩应力又重新分布。如此发展下去，支护与围岩的相互作用达到一个新的平衡。此时围岩变形终止，而支护受到某一定值的载荷。如果这个载荷是支护所能承受的或这个位移是支护所能允许的，则巷道稳定性就得到保证。

（1）砂浆锚杆支护。设开巷后整个巷道轮廓都立即安装砂浆锚杆，由于围岩流变的结果，锚杆被拉长而向围岩提供约束反力，其平均值为

$$q_t = \frac{NES}{2\pi R_0 mL}\left(u_{R_0} - u_{R_0+l}\right) \tag{4-21}$$

式中：q_t——锚杆在 t 时刻对围岩提供的平均约束力；

N——锚杆根数；

m——锚杆排距；

E——锚杆材料弹性模量；

S——锚杆截面面积；

L——锚杆长度；

u_{R_0+l}——巷道在 l 深度处的位移，$u_{R_0+l}=\dfrac{A'(t)}{R_0+l}$，$A$（$t$）为在锚杆约束力作用下时间 t 的函数；

u_{R_0}——巷道壁面点位移，$u_{R_0}=\dfrac{A'(t)}{R_0}$。

利用边界条件（$r=R_0$ 时，$\sigma_r=q_t$）和初始条件［t=0 时，$A(t)=0$］，将式（4-21）代入式（4-16）得

$$A'(t)=\beta\left(1-\mathrm{e}^{-\theta\cdot t}\right) \tag{4-22}$$

式中：$\theta=\dfrac{4\pi mG\left(R_0+l\right)+NES}{4\pi\eta m\left(R_0+l\right)}$；

$\beta=\dfrac{2\pi R_0^{\ 2}Pm\left(R_0+l\right)}{4\pi mG\left(R_0+l\right)+NES}$。

将 $A'(t)$、$\dfrac{\mathrm{d}A'(t)}{\mathrm{d}t}$ 代入式（4-13）、式（4-16）得锚杆作用下围岩的应力、位移表达式为

$$\begin{cases}\sigma_r=P-\dfrac{1}{r^2}\left[2G\beta\left(1-\mathrm{e}^{-\theta\cdot t}\right)+2\eta\beta\theta\mathrm{e}^{-\theta\cdot t}\right]\\ \sigma_\theta=P+\dfrac{1}{r^2}\left[2G\beta\left(1-\mathrm{e}^{-\theta\cdot t}\right)+2\eta\beta\theta\mathrm{e}^{-\theta\cdot t}\right]\\ u=\dfrac{\beta}{r}\left(1-\mathrm{e}^{-\theta\cdot t}\right)\end{cases} \tag{4-23}$$

当 t=0 时：

$$\begin{cases} \sigma\big|_r^0 = P\left(1-\dfrac{{R_0}^2}{r^2}\right) \\ \sigma\big|_\theta^0 = P\left(1+\dfrac{{R_0}^2}{r^2}\right) \\ u\big|^0 = 0 \end{cases} \tag{4-24a}$$

当 $t\to\infty$时：

$$\begin{cases} \sigma\big|_r^\infty = P-\dfrac{2\mathrm{G}\beta}{r^2} \\ \sigma\big|_\theta^\infty = P+\dfrac{2\mathrm{G}\beta}{r^2} \\ u\big|^\infty = \dfrac{\beta}{r} \end{cases} \tag{4-24b}$$

在巷道壁面（$r=R_0$）有

$$u\big|_{R_0}^\infty = \frac{\beta}{R_0} = \frac{2\pi R_0 mp\left(R_0+l\right)}{4\pi mG\left(R_0+l\right)+NES} \tag{4-25}$$

（2）锚喷联合支护。砂浆锚杆安装后经过一段时间（t_1）进行第二次喷射混凝土支护，随着时间的增长，围岩变形受锚喷联合支护作用支护给围岩的反力为

$$Q = \frac{NES}{2\pi R_0 mL}\left(u\big|_{R_0}^{'} - u\big|_{R_0+l}^{'}\right) + k\left(u\big|_{R_0}^{'} - u\big|_{R_0}^{t_1}\right) \tag{4-26}$$

式中：$u\big|_{R_0}^{t_1}$ ——第二次喷射混凝土前锚杆支护下巷道周边点的位移，$u\big|_{R_0}^{t_1} = \dfrac{A'(t_1)}{R_0} = \dfrac{\beta}{R_0}\left(1-e^{-\theta\cdot t_1}\right)$，$u\big|_{R_0}^{'} = \dfrac{A'(T)}{R_0}$，$u\big|_{R_0+l}^{'} = \dfrac{A'(T)}{R+l}$，$A'(T)$ 是在锚喷联合支护作用下仅为时间 T 的函数；

t_1——开巷后至第二次喷射混凝土时的时间间隔；

k——支护刚度。支护刚度 k 的表达式为

$$k = \frac{2G_{混}\left(R_0{}^2 - a^2\right)}{R_0\left(R_0{}^2 + a^2 - 2\mu R_0{}^2\right)} \tag{4-27}$$

式中：a——第一次喷射混凝土后巷道的半径；$a=R_0-d$（d 为第二次喷射混凝土厚度）；

$G_{混}$——喷射混凝土剪切模量；

μ——喷射混凝土泊松比。

利用边界条件 $r=R_0$ 时

$$\sigma_r = \left[\frac{NES}{2\pi R_0{}^2 mL} - \frac{NES}{2\pi R_0 mL\left(R_0 + l\right)} + \frac{k}{R_0}\right]A'\left(T\right) - k\,u\Big|_{R_0}^{t_1}$$

利用初始条件$\left[T = t_1时，A'\left(t_1\right) = \beta\left(1 - \mathrm{e}^{-\theta \cdot t_1}\right)\right]$，解式（4-16）得

$$A'(T) = \beta' + \left[\beta\left(1 - \mathrm{e}^{-\theta \cdot t_1}\right) - \beta'\right] \cdot \mathrm{e}^{-\theta' \cdot t_1} \tag{4-28}$$

将 $A'(T) \cdot \dfrac{\mathrm{d}A'(T)}{\mathrm{d}T}$ 代入式（4-13）、式（4-16）得在锚喷联合支护下围岩的应力、位移表达式为

$$\begin{cases} \sigma_r = P - \dfrac{1}{r^2}\left\{2G\beta' + \left(2G - 2\eta\theta'\right)\left[\beta\left(1 - \mathrm{e}^{-\theta \cdot t}\right) - \beta'\right] \cdot \mathrm{e}^{-\theta' \cdot T}\right\} \\ \sigma_\theta = P + \dfrac{1}{r^2}\left\{2G\beta' + \left(2G - 2\eta\theta'\right)\left[\beta\left(1 - \mathrm{e}^{-\theta \cdot t}\right) - \beta'\right] \cdot \mathrm{e}^{-\theta' \cdot T}\right\} \\ u' = \dfrac{1}{r}\left\{\beta' + \left[\beta\left(1 - \mathrm{e}^{-\theta \cdot t}\right) - \beta'\right] \cdot \mathrm{e}^{-\theta \cdot T}\right\} \end{cases} \tag{4-29}$$

当 $T=t_1=0$ 时：

$$\begin{cases} \sigma\Big|_r^0 = P\left(1 - \dfrac{R_0{}^2}{r^2}\right) \\ \sigma\Big|_\theta^0 = P\left(1 + \dfrac{R_0{}^2}{r^2}\right) \\ u'\Big|^0 = 0 \end{cases} \tag{4-30a}$$

当$T \to \infty$时：

$$\begin{cases} \sigma\big|_r^{\infty} = P - \dfrac{2G\beta'}{r^2} \\ \sigma\big|_{\theta}^{\infty} = P + \dfrac{2G\beta'}{r^2} \\ u'\big|^{\infty} = \dfrac{\beta'}{r} \end{cases} \tag{4-30b}$$

在巷道壁面（r=R_0）处位移表达式为

$$u'\big|_{R_0}^{\infty} = \frac{\beta'}{R_0} \tag{4-31}$$

上述式中：$\theta' = \dfrac{R_0^{\ 2}}{2\eta}\left[\dfrac{NES}{2\pi R_0^{\ 2}mL} - \dfrac{NES}{2\pi R_0 mL\left(k_0+l\right)} + \dfrac{k}{R_0} + \dfrac{2G}{R_0^{\ 2}}\right]$；

$$\beta' = \frac{P + k\,u\big|_{R_0}^{t_1}}{\left[\dfrac{NES}{2\pi R_0^{\ 2}mL} - \dfrac{NES}{2\pi R_0 mL\left(k_0+l\right)} + \dfrac{k}{R_0} + \dfrac{2G}{R_0^{\ 2}}\right]}。$$

3）作用在支护上载荷

将解得的函数$A'(t)$及t_1时位移值$u\big|_{R_0}^{t_1}$代入式（4-26）得作用在支护上的载荷公式为

$$Q = \left[\frac{NES}{2\pi R_0^{\ 2}mL} - \frac{NES}{2\pi R_0 mL\left(k_0+l\right)} + \frac{k}{R_0}\right]\left\{\beta' + \left[\beta\left(1-\mathrm{e}^{-\theta\cdot t_1}\right) - \beta'\right]\cdot \mathrm{e}^{-\theta\cdot t_1}\right\} - k\,u\big|_{R_0}^{t_1} \tag{4-32}$$

当T=t_1=0时：

$$Q=0 \tag{4-33}$$

当$T \to \infty$时：

$$Q=\left[\frac{NES}{2\pi R_0{}^2 mL}-\frac{NES}{2\pi R_0{}^2 mL\left(R_0+l\right)}+\frac{k}{R_0}\right]\cdot\beta'-k\,u\big|_{R_0}^{t_1} \tag{4-34}$$

（1）砂浆锚杆支护时式（4-32）变为

$$Q=\frac{NESP}{4\pi Gm\left(R_0+l\right)+NES} \tag{4-35}$$

（2）间隔一段时间 t_1 素喷混凝土支护时式（4-32）变为

$$Q=\frac{k\left(PR_0-2G\,u\big|_{R_0}^{t_1}\right)}{kR_0+2G} \tag{4-36}$$

分析式（4-32）、式（4-34）可以看出：

（1）作用在支护上的载荷随 P、R_0 的增加而增大。

（2）作用在支护上的载荷随时间的增长而增大。

将式（4-32）对时间 T 微分得支护载荷的变化率为

$$\dot{Q}=\frac{\partial\theta}{\partial T}=\left[\frac{NES}{2\pi R_0{}^2 mL}-\frac{NES}{2\pi R_0 mL\left(R_0+l\right)}+\frac{k}{R_0}\right]\left[\beta'\theta'-\beta\theta'\left(1-\mathrm{e}^{-\theta\cdot t_1}\right)\right]\cdot\mathrm{e}^{-\theta'\cdot T_1} \tag{4-37}$$

当 $T=t_1=0$ 时，即支护完成瞬间支护载荷变化率（增长率）最大，其值为

$$\dot{Q}_{\max}=\frac{NESP}{4\pi m\eta\left(R_0+L\right)} \tag{4-38}$$

4.5.2 实例分析

为了验证理论分析，下面对在张家洼铁矿巷道锚喷支护观测结果进行分析。

岩石为第三纪黏土质砂砾岩，整体性好，有不明显的水平层理，吸

水膨胀，易风化。岩石单轴抗压强度为 5～20MPa，岩体平均容重为 25kN/m^3，巷道埋藏深度为 500m。

由观测的围岩径向位移与时间关系曲线确定岩体流变参数剪切模量 G 值、黏性系数 η 值。

（1）无支护时

依式（4-19），当 $t' \to \infty$ 时有

$$u_{\max} = \frac{R_0 P}{2G}$$

则

$$G = \frac{R_0 P}{2u_{\max}} \tag{4-39}$$

将式（4-19）对时间微分得

$$V = u_{\max} \cdot \mathrm{e}^{-\frac{G}{\eta} \cdot t} \cdot \frac{G}{\eta}$$

当 t=0 时

$$V_0 = u_{\max} \cdot \frac{G}{\eta}$$

则

$$\eta = \frac{u_{\max} \cdot G}{V_0} \tag{4-40}$$

（2）开巷后立即喷射混凝土支护时

可求得

$$u = \frac{P}{R_0\left(\dfrac{k}{R_0} + \dfrac{2G}{R_0^{\ 2}}\right)}\left[1 - \mathrm{e}^{-\frac{R_0^{\ 2}}{2\eta}\left(\frac{k}{R_0} + \frac{2G}{R_0^{\ 2}}\right) \cdot t}\right] \tag{4-41}$$

当$t \to \infty$时

$$u_{\max} = \frac{P}{R_0\left(\frac{k}{R_0} + \frac{2G}{R_0^{\ 2}}\right)} = \frac{PR_0}{2G + R_0 k}$$

则

$$G = \frac{R_0}{2}\left(\frac{P}{u_{\max}} - k\right) \tag{4-42}$$

将式（4-41）对t微分，当t=0时得

$$\eta = \frac{R_0 P}{2V_0} \tag{4-43}$$

（3）开巷后立即安装砂浆锚杆，间隔时间 t_1 喷一层混凝土进行支护，由式（4-30）可知$u_{\max} = \frac{\beta'}{R_0}$，代入$u_{\max}$值整理得

$$G = \frac{R_0\left(P + k\,u\big|_{R_0}^{t_1} - k u_{\max}\right)}{2u_{\max}} - \frac{NES}{4\pi m\left(R_0 + l\right)} \tag{4-44}$$

将式（4-29）对T微分得

$$V_T = -\frac{\theta'}{R_0}\cdot\left[\beta\left(1 - \mathrm{e}^{-\theta\cdot t_1}\right) - \beta'\right]\cdot \mathrm{e}^{-\theta'\cdot T}$$

当T=t_1=0时，$V_0 = \frac{R_0\left(P + k\,u\big|_{R_0}^{t_1}\right)}{2\eta}$，代入$V_0$值整理得

$$\eta = \frac{R_0\left(P + k\,u\big|_{R_0}^{t_1}\right)}{2V_0} \tag{4-45}$$

因此我们通过观测曲线求得$u_{\max}$、V_0值，即可确定岩体的流变参数G、η值。

（4）张家洼巷道$0^{\#}$试验段开巷后立即量测了墙部位移。该巷开挖后

15d 内没有进行支护，之后喷一薄层混凝土作为临时支护维持半年时间。因此可以认为测得的位移与时间关系曲线相当于无支护状态下的结果，围岩位移观测结果如表 4-1 所示。

表 4-1　无支护状态下围岩位移观测结果

时间/d	位移观测				观测点位置
	1#点		3#点		
	位移/mm	位移速度/（mm/d）	位移/mm	位移速度/（mm/d）	
0	0	1.00	0	1.00	R_0=210cm P=125kPa 1　3
2	1.07	0.53	1.20	0.60	
4	1.24	0.08	1.28	0.04	
6	1.37	0.06	1.28	0.04	
9	1.52	0.05	1.39	0.03	
15	1.88	0.05	1.40	0.002	
30	2.14	0.02	1.40	0.002	
70	2.94	0.02	1.40	0.002	
90	3.17	0.01	1.40	0.002	
∞	4.00	0	2.00	0	

根据观测结果和式（4-39）、式（4-40）求得

$$G=5\times10^6\ \text{kPa},\qquad \eta=13.2\times10^3\ \text{Pa}\cdot\text{s}$$

（5）张家洼巷道 5#试验段在开巷后立即喷 10cm 厚混凝土支护的同时，巷道底板用现浇混凝土封闭厚 25cm，围岩位移观测结果如表 4-2 所示。

表 4-2　有支护状态下围岩位移观测结果

时间/d	位移观测										观测点位置
	1#点		2#点		3#点		4#点		5#点		
	位移/mm	位移速度/(mm/d)	位移/mm	位移速度/(mm/d)	位移/mm	位移速度/(mm/d)	位移/mm	位移速度/(mm/d)	位移/mm	位移速度/(mm/d)	
0	0	0.20	0	0.07	0	0.08	0	0.07	0	0.05	$R_0\approx$230cm P=125kPa k=42kN/m^3 注：1 号点在水沟一侧 3 号点在拱点
30	0.40	0.006	0.20	0.003	3.05	0.02	0.10	0.03	0.10	—	
60	0.45	0.005	0.25	0.002	3.50	0.01	0.25	0.03	0.20	—	
90	0.50	0.003	0.30	0.002	3.80	0.008	0.25	0.001	0.30	0.002	
180	0.80	0.002	0.40	0.001	4.00	0.003	0.30	0	0.35	0.001	
360	1.10	0.001	0.55	0.001	4.45	0.001	0.40	0	0.50	0.001	
∞	2.00	0	1.50	0	5.00	0	1.50	0	1.50	0	

根据观测结果和式（4-42）、式（4-43）求得

$$G=7.3\times10^6\text{kPa},\quad \eta=158\times10^3\ \text{Pa·s}$$

（6）张家洼巷道 6#试验段是开巷后立即安装砂浆锚杆，间隔 10d 喷一层 10cm 厚混凝土完成永久支护。根据观测资料和式（4-44）、式（4-45）求得

$$G=5.3\times10^6\text{kPa},\quad \eta=80\times10^3\ \text{Pa·s}$$

计算结果表明无支护时的剪切模量 G、黏性系数 η 值偏小；有支护时的 G、η 值偏大。由于围岩的风化、吸潮使岩体的 G、η 值降低，对于易风化的岩石，在开巷后立即封闭是必需的，以防止岩体力学参数的降低。

上述分析结果表明所选择的流变模型基本上反映了岩体的时空效应。从理论上讲模型中还应增加一个弹性元件，因为岩体变形初期都有弹性阶段。但弹性变形在支护前基本完成，因此用两单元模型描述一般

性岩体时空效应工程是可行的。

4.6　膨胀围岩喷锚支护位移流变分析

吸水膨胀围岩给修建地下工程带来的麻烦最大。为了对巷道长期稳定性作出评价，必须知道巷道的变形规律，据此分析支护结构受力。下面通过实测的巷道围岩流变曲线求解流变方程的有关参数。

根据观测曲线图形，选择如图 4-3 所示的流变模型。该模型的应变-时间关系曲线如图 4-4 所示。

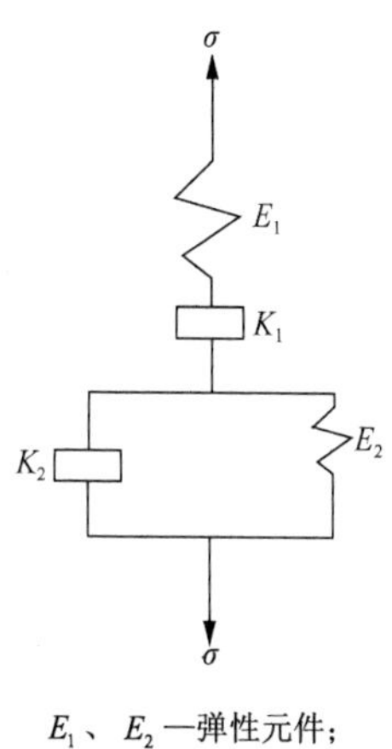

E_1、E_2 —弹性元件；

K_1、K_2 —黏性元件。

图 4-3　膨胀黏弹围岩流变模型

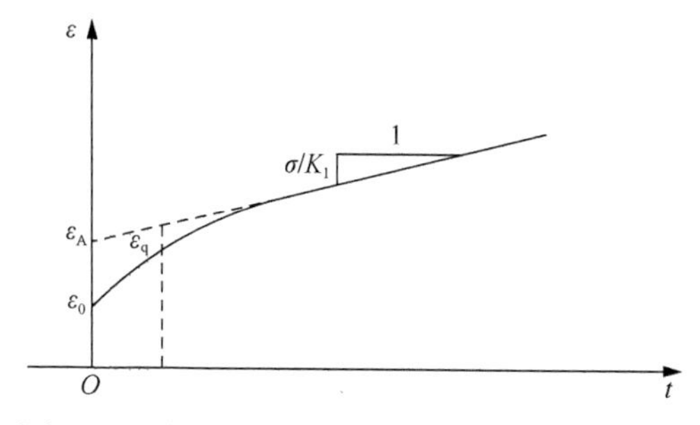

图 4-4　膨胀黏弹围岩应变-时间关系曲线

1）求解流变物理方程参数

图 4-4 所示的物理方程为

$$K_2\varepsilon + E_2\varepsilon = \frac{K_2}{E_1}\sigma + \left(1 + \frac{E_2}{E_1} + \frac{K_2}{K_1}\right)\sigma + \frac{E_2}{K_1}\sigma \tag{4-46}$$

在常应力下，应变方程为

$$\varepsilon(t) = \sigma\left[\left(\frac{1}{E_1} + \frac{t}{K_1}\right) + \left(\frac{1}{E_2} - \frac{t}{K_2}\mathrm{e}^{-\frac{E_2 t}{K_2}}\right)\right] \tag{4-47}$$

分析式（4-46）、式（4-47）可知，时间 t 很大时，吸水膨胀围岩在常应力作用下，变形具有稳定不变的速率 $\varepsilon=\sigma/K_1$，可见所选的物理方程能描述吸水软化黏弹围岩的变形规律。

假定由实验已测得单向受力下的吸水膨胀黏弹围岩应变规律如图 4-4 所示，当 t=0 时，由式（4-47）得瞬时应变 $\varepsilon_0 = \frac{\sigma}{E_1} + \frac{\sigma}{E_2}$，$\varepsilon_0$ 值可由图 4-4 直接量得，已知 σ 与 ε_0 可以求得 E_1。

$$E_1 = \frac{\sigma}{\varepsilon_0} \tag{4-48}$$

当时间 t 很大时，可以略去式（4-47）右端的第四项，然后求得流变曲线的渐近线在纵轴上的截距 ε_A。

$$\varepsilon_A = \sigma\left(\frac{1}{E_1} + \frac{1}{E_2} + \frac{t}{K_1}\right) \tag{4-49}$$

由于 σ、E_1 已知，而 ε_A 从图 4-4 中可知，由式（4-49）可求得 E_2。流变曲线的渐近线斜率 K 为

$$K=\sigma/K_1 \tag{4-50}$$

利用上式可以求出 K_1。为了决定第四个参数 K_2，在曲线上读出任

意时刻 t 的流变曲线与渐近线纵坐标的差值 ε_q

$$\varepsilon_q = \frac{\sigma}{E_2} e^{-\frac{E_2 t}{K_2}} \tag{4-51}$$

对上式两边取对数

$$\ln \varepsilon_q = \ln\left(\frac{\sigma}{E_2}\right) - \frac{E_2 t}{2.3K_2} \tag{4-52}$$

在半对数纸上绘 $\ln \varepsilon_q$ 与时刻 t 的关系直线，量取直线斜率，可以求出 K_2 的值。

2）工程应用举例

现以张家洼矿区小官庄铁矿巷道为例。该巷道围岩为黏土质砂岩，距地表 450m，断面 13m^2，将其视为圆形巷道。现场测得围岩吸水膨胀径向位移 u 与时间 t 曲线如图 4-5 所示。

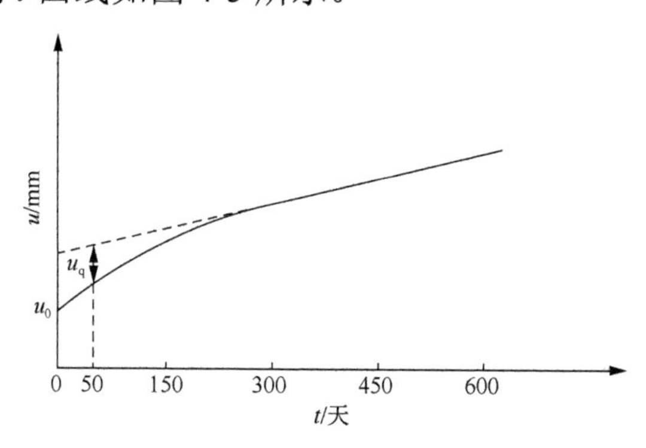

图 4-5　黏土质砂岩巷道吸水膨胀径向位移-时间曲线

根据傅作新教授提出的求解线性流变体静力学分类思路，把问题归结为一类线性流变力学问题。按线性流变力学第一定理，流变位移-时间公式（孙学毅，2004）可表示为

$$u_r(t) = Pr_0(1+\mu)\left[\left(\frac{1}{E_1}+\frac{t}{K_1}\right)+\left(\frac{1}{E_2}-\frac{1}{E_2}\mathrm{e}^{\frac{-E_2 t}{K_2}}\right)\right] \tag{4-53}$$

围岩吸水软化，测得泊松系数 $\mu \approx 0.35$，岩体容重 $\gamma = 23.4\text{kN/m}^3$，取原岩应力 $P = \gamma H = 10\,530\text{kN/m}^2$，巷道平均半径 $r_0 = 2.03\text{m}$。根据弹性力学轴对称平面应变问题，求得巷道周界的弹性径向位移 $u_0 = 0.0014\text{m}$。由式（4-53）和图 4-5 得

$$E_1 = \frac{Pr_0(1+\mu)}{u_0} = \frac{10\,530\times 2.03\times 1.35}{0.0014}\text{kN/m}^2 = 20\,612\,475\text{kN/m}^2$$

作曲线的渐近线，求得斜率 $K = 0.6\text{cm}/150\text{d}$ 及 $u_\text{A} = 0.0155\text{cm}$，则

$$E_2 = \frac{1}{\dfrac{u_\text{A}}{Pr_0(1+\mu)} - \dfrac{1}{E_1}} = \frac{1}{\dfrac{0.0155}{28\,857} - \dfrac{1}{20\,612\,475}}\text{kN/m}^2 = 2\,046\,592\text{kN/m}^2$$

在图 4-5 中量取不同时间 t 值流变曲线与渐进线纵坐标差值 u_q，由

$$u_\text{q} = \frac{Pr_0(1+\mu)}{E_2}\mathrm{e}^{\frac{-E_2 t}{K_2}}$$

取对数得

$$\ln u_\text{q} = \ln\left[\frac{Pr_0(1+\mu)}{E_2}\right] - \frac{E_2 t}{2.3K_2}$$

在半对数纸上绘 $\ln u_\text{q}$ 与时刻 t 的关系直线，量取直线斜率求得 K_2。

求出流变曲线的参数后，可根据流变位移公式求得任意时刻巷道周边径向位移。喷射混凝土支护层直径的变化率等于环向应变，即 $\varepsilon_t = u(t)/r_0$，把 ε_t 与喷层极限应变进行比较，就可求出喷层破坏时间。

第 5 章　地面开挖土体时空效应

5.1　土体自重应力场

设土体为半无限体，地面为水平面，土体为均质各向同性弹性体，则距地面 H 深度处自重应力为（徐芝纶，1982）

$$\begin{cases} \sigma_z = \gamma H \\ \sigma_x = \sigma_y = \kappa_0 \sigma_z \\ \tau_{xy} = 0 \end{cases} \tag{5-1}$$

应用最大剪应力理论，则塑性条件可写成

$$\frac{1}{2}(\sigma_z - \sigma_x) = \tau_0 \tag{5-2}$$

当深度 H 达到某一极限深度 H_0 时，就会满足式（5-2），这就意味着土体已处于塑性状态。

5.2　朗肯土压力

1875 年朗肯首先用滑动线场求得在具有水平表面的半无限土体中无黏性土破坏的解答（Rankine，1857）；1910 年其他学者将这一结果推广到黏性土，并于 1915 年将其完善（Bell，1915）。

设 x 和 z 分别是水平和垂直坐标。根据对称性，显然在任何水平面或垂直面上没有剪应力，所以 σ_x 和 σ_z 都是主应力分量，而 τ_{xz} 等于零。

当土各处都处于破坏状态时

$$\sigma_3=\sigma_1\left(\frac{1-\sin\varphi}{1+\sin\varphi}\right)-2c\left(\frac{1-\sin\varphi}{1+\sin\varphi}\right)^{\frac{1}{2}} \tag{5-3}$$

式中：σ_3——最小主应力；

σ_1——最大主应力；

c——黏结力；

φ——内摩擦角。

因此，有两种可能的破坏状态，它们相应于如图 5-1（b）所示的两个莫尔应力圆。

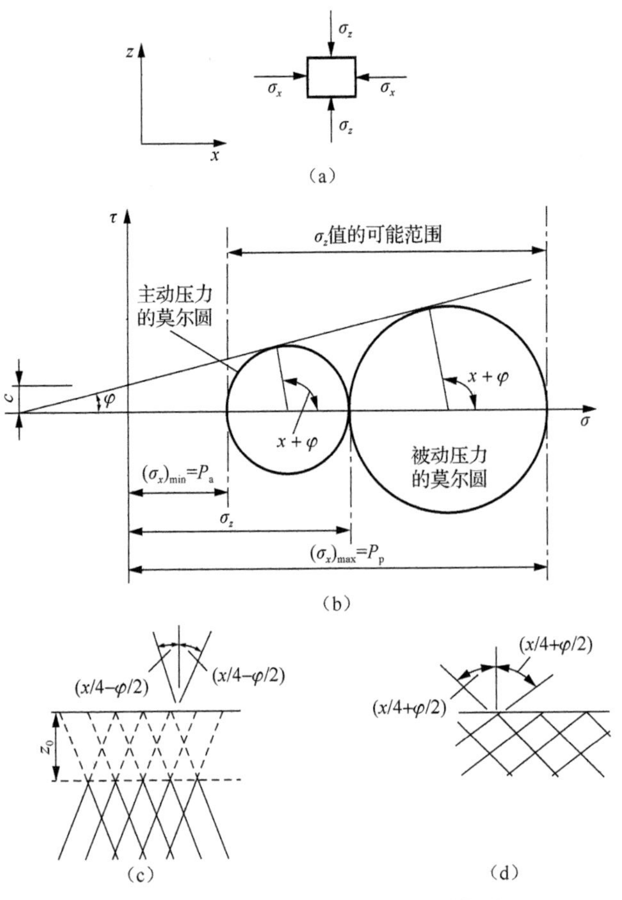

图 5-1　朗肯主动和被动破坏模型

（1）如果 $\sigma_x=\sigma_3<\sigma_1=\sigma_z$，则

$$(\sigma_x)_{\min}=\sigma_z\left(\frac{1-\sin\varphi}{1+\sin\varphi}\right)-2c\left(\frac{1-\sin\varphi}{1+\sin\varphi}\right)^{\frac{1}{2}} \tag{5-4}$$

当式（5-4）成立，土体发生破坏。这种情况称为主动压力破坏。

（2）如果 $\sigma_x=\sigma_1>\sigma_3=\sigma_z$，则

$$(\sigma_x)_{\max}=\sigma_z\left(\frac{1+\sin\varphi}{1-\sin\varphi}\right)+2c\left(\frac{1+\sin\varphi}{1-\sin\varphi}\right)^{\frac{1}{2}} \tag{5-5}$$

当式（5-5）成立，土体发生破坏，这种情况称为被动压力破坏。如果土体不是处在破坏状态，则 σ_x 可以具有这两个极限之间的任意值。

5.3　土体三种破坏形式

1）土体拉伸破坏

如果允许土体在水平方向膨胀，则当侧压力减小到最小值时就发生拉伸破坏（斯科特，1983）。

$$P_{\mathrm{a}}=(\sigma_x)_{\min}=\sigma_z k_{\mathrm{a}}-2c(k_{\mathrm{a}})^{\frac{1}{2}}$$

式中：k_{a}——主动土压力系数，$k_{\mathrm{a}}=\left(\frac{1-\sin\varphi}{1+\sin\varphi}\right)=\tan^2\left(\frac{\pi}{4}-\frac{\varphi}{2}\right)$；

P_{a}——朗肯主动土压力。

此时滑动线与 σ_1（最大主应力）方向的夹角为 $\pm\left(\frac{\pi}{4}-\frac{\varphi}{2}\right)$；$\sigma_1=\sigma_z$，且 σ_1 是垂直的。

2）土体压缩破坏

如果土体受到压缩，体内的水平压力增加，则当

$$P_{\mathrm{p}}=\left(\sigma_{x}\right)_{\max}=\sigma_{z}k_{\mathrm{p}}+2c\left(k_{\mathrm{p}}\right)^{\frac{1}{2}}$$

就发生破坏。

式中：k_{p}——被动土压力系数，$k_{\mathrm{p}}=1/k_{\mathrm{a}}=\dfrac{1+\sin\varphi}{1-\sin\varphi}=\tan^{2}\left(\dfrac{\pi}{4}+\dfrac{\varphi}{2}\right)$；

P_{p}——朗肯被动土压力。

此时 $\sigma_1=\sigma_x$，且 σ_1 是水平的，因而滑动线与水平线的夹角为 $\pm(\pi/4+\varphi/2)$。被动土压力总是正的，并且土体内不发生开裂。

3）土体剪切破坏

土的抗剪强度是指土体对于外荷载所产生的剪应力的极限抵抗能力。在外荷载作用下，土体中任一截面将同时产生法向应力和剪应力，其中法向应力作用将使土体发生压密，而剪应力作用可使土体发生剪切变形。当土体中一点某截面上由外力所产生的剪应力达到抗剪强度时，它将沿着剪应力作用方向产生相对滑动，该点便发生剪切破坏。工程实践和室内试验研究都证实了土体的破坏主要是由于剪切引起的，剪切破坏是土体破坏的主要特点。

莫尔-库仑剪切破坏准则为

$$\tau_f=c+\sigma\tan\varphi \tag{5-6}$$

式中：τ_f——土体的抗剪强度；

σ——滑动面上法向应力；

c——土体的黏结力；

φ——土体内摩擦角。

对于砂土，c=0，则式（5-6）简化为

$$\tau_f=\sigma\cdot\tan\varphi$$

大多数情况下土体破坏采用莫尔-库仑准则更切合实际。因为土体发生应力重分布时剪切阻力得到很好的发挥，剪切阻力起控制土体变形作用。

目前工程中多采用有效应力滑动面法。

土体破坏条件为

$$\tau_f = c' + (\sigma_u - u)\tan\varphi' \tag{5-7}$$

安全系数定义为

$$\tau = \frac{\tau_f}{k} = \frac{c'}{k} + (\sigma_u - u)\frac{\tan\varphi'}{k} \tag{5-8}$$

有效应力滑动面法一般采用条分计算，如毕晓普法等。

5.4　锚杆墙受力、变形分析

锚杆墙分层开挖、分层安装锚杆、分层构筑面层。地面未开挖之前土体处于自重应力场状态。它的应力如式（5-1）所示。土体塑性条件如式（5-2）所示，这就意味着当深度大于 H_0，土体已处于塑性状态。当地面进行垂直开挖时壁面处 $\delta_x = 0$，此时式（5-2）变成 $\tau_0 = \sigma_z / 2 = \gamma H / 2$。这说明，地面开挖面壁处土体首先进入塑性状态。随着开挖深度的增加，塑性区逐渐向土体内部扩展。

由于开挖体形状复杂，做不到用简单解析公式计算，但可以用数值分析。前面介绍的朗肯土压力公式是建立在极限平衡基础上的。当土体发生侧向变形时没有考虑土体发挥剪切阻力的作用。土体拉伸破坏、压缩破坏其竖向应力相同（$\sigma_z = \gamma H$），水平应力仅系数 k_a 与 k_p 不同。这种结果有时不能满足工程问题的要求。前面介绍的土体剪切破坏莫尔-

库仑准则，应用更广泛，因为土体破坏主要是剪切破坏。

1）锚杆墙受力、变形分析

由于锚杆墙分层开挖、每层开挖都会引起土体应力重分布。当开挖深度达到自稳高度［$H_0 = 2c/\gamma\tan(\pi/4+\varphi/2)$］时就会产生滑塌，滑塌面即为设计的锚杆最大张力点的位置。

第一层开挖时安装的锚杆经过 7d 后才能开挖第二层土。

开挖第二层土时又会引起土体应力重分布。第二层土发生侧向变形时受到一层锚杆的约束，一般情况开挖第二层土时，在开挖面处开始形成一个塑性区，锚杆的最大张力点在弹塑性区交界面处。第二层开挖后，安装第二层锚杆。第二层锚杆安装后，当胶结的水泥锚固体硬化后锚杆即开始起约束土体变形作用。随着时间的推移，土体的应力分布逐渐向土体深部传递，塑性区逐渐扩大，锚杆最大张力点也随之向土体深度转移。

第三层开挖时又一次引起土体应力重分布，土体的塑性区又一次向土体深部扩大，此时一、二、三层锚杆都将起到约束土体变形的作用。当再往下开挖时上述过程将重演。土体开挖到墙底时，当锚杆约束反力足以能抵抗土体滑动力时，土体的变形会被控制。为了增加锚杆墙的安全度（抗剪能力），一般在墙底部增加抗滑桩或预应力抗滑桩支护结构。

2）面层作用分析

以往的观念认为面层只是起防护墙体、壁面土体松动、滑落的作用。本书作者认为：面层除了承受土体变形压力外还有应力传递和转移能量的作用。本书作者研究了土体与锚杆组成的单向连续锚杆增强复合材料的应力-应变曲线，指出这种单向连续锚杆增强复合材料主要在材料的弹塑性阶段服务。这就说明随着开挖深度的增加，塑性区（活动区）越来越向土体深部扩大，锚杆最大张力点逐渐向土体深部转移。活动区土体与锚杆之间已经发生剪切破坏。当锚杆外露端钢筋与面层的钢筋焊接强度大于锚杆拉断强度时，只要在锚杆未被拉断之前，锚杆都会与面层一起阻止活动区土体向外变形，即应力传递作用，同时也将土体变形耗散的能量转移给锚杆，使复合材料又处于新的平衡状态。

5.5　钢管端锚预应力注浆全长锚固锚杆

作书作者研制一种钢管端锚预应力注浆全长锚固锚杆。经过现场试验后，于 1985 年 6～12 月在山东小官庄铁矿广东区-240m 水平巷道安装 3600 根，支护 340m 长巷道。经过一年多现场观测表明该锚杆工程效果良好。端锚后 5h 施加 3kN 的预应力并及时向围岩提供一个径向约束力，有利于限制围岩的径向位移。该锚杆适应围岩大变形。在未进行注浆之前 Δt 时间段内，围岩初期变形均匀分布在锚管体全长，克服了以往集中在某一部位的缺点。量测锚杆观测结果表明锚杆约束力由安装时的 3kN 提高到 8kN 以上。

下面对该锚杆加以介绍。

用 $\phi 50\times4$ 的钢管代替 $\phi 26$ 螺纹钢筋。钢管钻有注浆孔，底端开十字缝配锚楔，钢管上端有螺纹、配螺帽、钢垫板。锚杆孔钻好后，将 5 支 20cm 长的快硬水泥卷送入孔底捣实，插入配锚楔的锚管用冲击锤安装。5h 后用扭力扳手施加 3kN 的预应力，即完成初次安装。经过 20～25d 对锚杆进行压力注浆实现全长锚固完成最后安装。

在现场采用量测锚杆进行观测锚杆受力。量测锚杆由锚管改制而成，安装时只管外部注浆。量测锚管的伸长量计算锚杆受力。

本书作者认为钢管端锚预应力注浆全长锚固锚杆完全可以用在永久性的锚杆墙支护或大型岩土边坡工程加固。分析如下。

（1）用ϕ88×4 钢管替代ϕ35 螺纹钢筋作杆体，或用ϕ108×4 钢管替代ϕ38 螺纹钢筋作杆体。

（2）钢管底端开缝配锚楔，锚孔底部放入 5 支长 25cm 快硬水泥卷捣实，插入配锚楔的锚管用冲击锤安装。5h 之后用扭力扳手施加 3kN 的预应力即完成初次安装。

（3）前面已经分析了施加预应力可以改善岩土体受力状态，相当于提高了土体强度，远离破坏。

（4）安装初期一段时间（土体 3～5d，岩体 15～20d），锚杆约束岩土体位移，导致伸长量均匀分布在锚杆的全长上，克服了一次注浆全长锚固锚杆剪应力、轴向力集中在某一部位的缺点。从而改善了全长锚固锚杆受力状态和传力过程，使之更好地发挥对岩土体的锚固作用。

（5）本书作者认为这种锚杆的预应力在土体中传递不受侧阻约束，它可与开挖应力重分布过程叠加，形成有利于岩土体弹塑性变形的过程。

（6）本书作者认为钢管端锚预应力注浆全长锚固锚杆在永久性锚杆墙、岩土体边坡加固应用方面大有可为。这是因为它的作用机理顺应岩土体的时空效应。钢管端锚预应力注浆全长锚固锚杆可与预应力锚索组合。因为这种锚杆初期安装 5h 即可施加预应力，锚索需要 7～10d。这种锚杆能及时向岩土体提供一个正压力，改善岩土体受力状态。该锚杆与锚索组合时，得到锚索预应力张拉，锁定后进行锚杆注浆实现全长锚固，形成锚索与锚杆支护作用互补。

以上动态规划过程就是岩土体动态施工力学在工程中的应用。工程设计之前就应根据岩土体的时空效应规划支护结构，使其顺应岩土体的时空效应。

5.6　地面开挖控制变形工法（CSC 工法）

1989 年以来本书作者开始接触沿海城市的软土基坑设计与开挖。这些基坑共同特点是大变形，土体流变特征明显。如果支护的不及时，坑顶水平位移过大就会导致基坑滑塌。受刘宝琛、朱维申两位大师的影响，本书作者从事十余年的新奥法（NATM）研究基础上，提出 CSC 工法，并于 2004 年获得中国国家发明专利（证书号：182011）。CSC 工法是动态施工力学原理在地面开挖工程的应用。概括地说，CSC 工法有六大要点：

（1）封水及超前支护；

（2）分层、分段开挖；

（3）紧跟开挖面支护，限制土体过大变形；

（4）加强基坑底部支护结构；

（5）及时封闭支护坑底，控制底板变形；

（6）安全监测。

CSC 工法的核心思想是既允许开挖变形又控制开挖变形，把开挖变形控制在允许范围内。

从以上可以看出，CSC 工法的指导思想是顺应土体的时空效应。该工法问世近 20 年深受有关工程界欢迎。

第6章 动态施工安全系数

边坡工程、基坑工程是分层开挖（削坡）而成，每层都存在稳定问题。本书作者提出边坡工程应分$k_{上}$、$k_{中}$、$k_{下}$ 3个安全系数来衡量稳定状态（孙学毅，2004b）。目前常用的是一个整体安全系数，可以理解成上、中、下安全系数的平均值。客观上边坡下部的安全最为重要，因为下部岩土体应力水平高，如果边坡下部处于稳定状态，边坡中部、上部失稳只能局部发生。这对基坑也是如此。安全系数对于边坡、基坑工程是一个核心问题，也是一个敏感问题。边坡安全系数问题前文已经讨论过，这里进一步讨论基坑的安全系数。由于基坑是分层开挖，每层开挖都会引起土体的应力重分布，伴随而来的是土体的变形、能量耗散、转移。施工是动态的，因此安全系数也应该是动态的。由于支护体系不同，动态施工给基坑各层带来的安全状态也不同。下面分排桩支护、桩锚支护、超前短桩与喷锚网组合支护三种情况分析。

6.1 排 桩 支 护

我国改革开放初期基坑支护主要是钢筋混凝土排桩。这种支护结构基坑的安全系数随着开挖深度的增大而降低，基坑挖到底时安全系数最小，当安全系数达不到设计要求时会导致基坑失稳。下面通过工程实例来说明这个问题。

例 1　某基坑开挖在淤泥质粉土中，土层力学指标：容重 γ=20kN/m^3，黏结力 c=5kPa，内摩擦角 φ=15°。基坑开挖深度 8.0m，采用钢筋混凝土灌注排桩支护。桩径 0.8m，桩间距 1.0m，桩长 13m，桩后采用直径 0.3m 的旋喷桩封水。

基坑分 2 层开挖，每层开挖深度 4m。基坑开挖到底时发现护壁桩倾斜，随之发生基坑滑塌。

设计及事故分析：设计计算依据为朗肯土压力，即用桩下部入土部分桩长形成的被动土压力平衡桩上部承受的主动土压力。

根据朗肯土压力求得一层开挖后 k_1=8.2，二层开挖后 k_2=0.63。显然基坑倒塌是由于支护桩入土深度短造成的。

例 2　某基坑开挖在淤泥质土中，土的力学指标：容重 γ=29kN/m^3，黏结力 c=5kPa，内摩擦角 φ=12°。基坑开挖深度 10.5m，采用钢筋混凝土灌注桩支护，桩径 0.8m，桩间距 1.0m，桩长 17m。分三层开挖，一层开挖深度 4m，二、三层开挖深度 3m。该基坑挖到底，当天就发生倒塌。

设计及事故分析：设计计算依据朗肯土压力，求得 k_1=29.8，k_2=4.6，k_3=0.9。分析认为是桩入土深度不够。

假定将桩长设计成 21m，求得 k_1=40.5，k_2=6.3，k_3=1.5。

通过上述两个工程实例分析得到启示：

（1）悬臂桩是一种很好的支护结构，它可以一次性完成超前支护。这种支护结构的缺点也是显而易见的，随着基坑开挖深度增大，安全系数迅速降低。

（2）朗肯的主动土压力与被动土压力并不能同时形成，这是设计者应该注意的问题。

6.2 桩锚支护

排桩支护由于桩顶水平位移过大，土体的主动压力早已经形成，而被动土压力还未形成，此时桩所承受的土压力已经不是主动土压力 P_a 而是土体滑动力 P_T（$P_T > P_a$）。

为了控制桩顶水平位移，有必要研究桩锚支护。

（1）桩锚支护体系设计构思。从前面排桩支护实例可以看出随着开挖深度的增加，安全系数逐层减小。锚索与排桩组合可以克服这种不利现象，此时合理布置锚索是需要研究的课题。通过实例试算寻求希望得到的启示。

（2）用“自由支座”法确定入土桩长 d 及锚索锚固力 T。

假定桩底完全自由转动，桩底的反向转移不产生被动抗力。“自由支座”法压力分布如图 6-1 所示。桩前土体的被动抗力计算值应除以适当的安全系数（一般不小于 2）。

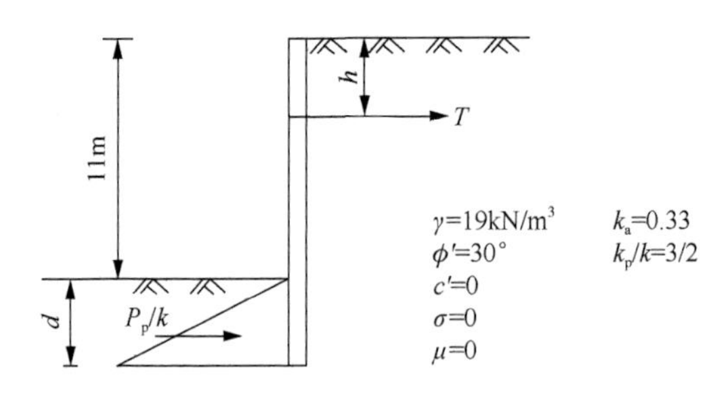

图 6-1　“自由支座”法压力分布

基坑开挖深 11m，土层为砂砾土，于顶端下 1m 处安装锚索，土与桩之间的剪切力可略去不计（$\delta = 0$），同时不计水压力（u=0），则有

$$k_a=0.33，\ k_p/k=3/2=1.5，\ h=1\text{m}$$

$$P_{\mathrm{a}}=\frac{1}{2}\times 19\mathrm{kN/m^3}\times 0.33\times(d+11\mathrm{m})^2\times 1\mathrm{m}$$

$$\frac{P_{\mathrm{p}}}{k}=\frac{1}{2}\times 19\mathrm{kN/m^3}\times 1.5\times d^2\times 1\mathrm{m}$$

对锚着点求平衡力矩有

$$\left[\frac{2}{3}(d+11\mathrm{m})-1\mathrm{m}\right]P_{\mathrm{a}}=\left(\frac{2}{3}d+10\mathrm{m}\right)\frac{P_{\mathrm{p}}}{k}$$

有

$$\left[\frac{2}{3}(d+11\mathrm{m})-1\mathrm{m}\right](d+11)^2=4.5\left(\frac{2}{3}d+10\mathrm{m}\right)d^2$$

得

$$d\approx 7.65\mathrm{m}$$

若于顶端下 4m（h=4）处安装锚索，对锚着点求平衡力矩有

$$\left[\frac{2}{3}(d+11\mathrm{m})-4\mathrm{m}\right](d+11\mathrm{m})^2=4.5\left(\frac{2}{3}d+7\mathrm{m}\right)d^2$$

得

$$d\approx 7.05\mathrm{m}$$

若于顶端下 5m 处安装锚索，对锚着点求平衡力矩有

$$\left[\frac{2}{3}(d+11\mathrm{m})-5\mathrm{m}\right](d+11\mathrm{m})^2=4.5\left(\frac{2}{3}d+6\mathrm{m}\right)d^2$$

得

$$d\approx 6.75\mathrm{m}$$

取水平方向力的平衡条件，当 h=1.0m

$$
\begin{aligned}
T_1 &= P_a - \frac{P_p}{k} \\
&= \frac{1}{2} \times 19\text{kN/m}^3 \left[0.33 \times (7.65\text{m} + 11\text{m})^2 - 1.5 \times (7.65\text{m})^2 \right] \times 1\text{m} \\
&= 256.48\text{kN}
\end{aligned}
$$

式中：P_a——主动土压力；

P_p——被动土压力。

横向宽取 1.0m 划分单元

$$T_1 = 256.48\text{kN/单元}$$

当 h=4m

$$
\begin{aligned}
T_2 &= P_a - P_p / k \\
&= \frac{1}{2} \times 19\text{kN/m}^3 \left[0.33 \times (7.05\text{m} + 11\text{m})^2 - 1.5 \times (7.05\text{m})^2 \right] \times 1\text{m} \\
&= 313.13\text{kN}
\end{aligned}
$$

横向宽取 1.0m 划分单元

$$T_2 = 313.13\text{kN/单元}$$

当 h=5m

$$
\begin{aligned}
T_3 &= P_a - P_p / k \\
&= \frac{1}{2} \times 19\text{kN/m}^3 \left[0.33 \times (6.75\text{m} + 11\text{m})^2 - 1.5 \times (6.75\text{m})^2 \right] \times 1\text{m} \\
&= 338.46\text{kN}
\end{aligned}
$$

横向宽取 1.0m 划分单元

$$T_3 = 338.46\text{kN/单元}$$

上述试算结果表明锚索布置高度对入土桩长并不敏感。随着锚索布置高度的下降，所需要的锚固力有较大幅度的增大。

这启发我们要确定一个合理的锚索布置高度。分析认为锚索布置高度下降有利于开挖、支护工艺简化，同时对增强底部支护安全系数有利。

由于土体的黏结力 c、内摩擦角 φ 值相差很大，因此桩入土深度 d，锚索锚固力 T 以及锚索布置高度 h 必须通过试算确定。

对于本例，取安全系数 k=1.5，单元宽度取 1.0m，假定平面滑动，滑动角取 30°，分三层开挖时，求得各层滑动力水平分量为

$$W_{T1}=165\text{kN}\quad W_{T2}=428\text{kN}\quad W_{T3}=905\text{kN}$$

锚索必需的锚固力

$$T_k=342\text{kN}\times1.5=513\text{kN}$$

（3）用雷斯和布罗姆斯力学模型验算分层动态安全系数。

一层开挖：由于桩顶无约束，采用雷斯竖向桩受水平力极限抗力模型验证朗肯土压力法计算结果。

$$P_{\mathrm{u}}=\frac{1}{2}\gamma BL^2\left(k_{\mathrm{p}}-k_{\mathrm{a}}\right)\tag{6-1}$$

式中：γ——土体容重；

B——桩宽度；

L——入土桩长度；

k_{p}——朗肯被动土压力系数；

k_{a}——朗肯主动土压力系数；

$$P_{\mathrm{u1}}=\frac{1}{2}\times19\times0.8\times\left(11+6.7-5\right)^2\left(1.5-0.33\right)\text{kN}=1434.2\text{kN}$$

$$k_1=\frac{1434.2}{165}=8.7$$

由于 k_1=8.7 土体未进入极限平衡状态，桩顶水平位移小于 5000mm/1000=5mm。故一层开挖前不必安装锚索。一层挖到 5m 安装一排锚索，

为二层或三层开挖服务。7d 后开挖二层土。

二层开挖：由于桩受锚索约束，计算桩的极限抗力采用布罗姆斯力学模型验证朗肯土压力法计算结果。

$$P_{u2} = 9c_{u2}B(L-1.5B) \tag{6-2}$$

式中：c_{u2}——变量，$c_{u2} = \left(\dfrac{\gamma L}{2}\cdot\tan\varphi + c\right)\Big/2$（其中，$c$ 为土体黏结力，φ 为土体内摩擦角，γ 为土体容重）；

B——桩宽度；

L——桩长度。

$$c_{u2} = \frac{\left[19\times(3+6.7)\div 2\times\tan 30^{\circ}\right]}{2}\text{kN/m}^2 = 26.6\text{kN/m}^2$$

$$P_{u2} = 9\times 26.6\times 0.8\times(3+6.7-1.5\times 0.8)\text{kN} = 1627.9\text{kN}$$

$$k_2 = \frac{1627.9}{428} = 3.8$$

计算结果表明一、二层开挖从受力上不需要锚索，但从位移控制上仍需要锚索。二层挖到 8m 深安装第二排锚索，7d 后挖第三层土。

三层开挖：采用布罗姆斯力学模型验算。

$$c_{u3} = 19\times 6.7\div 2\times\tan 30^{\circ}\div 2\text{kN/m}^2 = 18.4\text{kN/m}^2$$

$$P_{u3} = 9\times 18.4\times 0.8\times(6.7-1.5\times 0.8)\text{kN} = 728.6\text{kN}$$

$$k_3 = \frac{728.6}{905} = 0.8$$

显然安全系数 k_3 达不到设计要求，取 k_3=1.5，求必需的锚固力 T_i 为

$$\frac{728.6 + T_i}{905} = 1.5$$

得

$$T_i = 628.9\text{kN}$$

按朗肯土压力法当 k=1.5 时，必需的锚固力 T=513kN，显然不够。

因为基坑是按控制位移设计，故取按布罗姆斯模型计算结果，即 T=628.9kN。现将 T 分解在二排锚索上。根据经验一排锚固力取 250kN，则二排锚索锚固力为 628.9kN−250kN=378.9kN。

（4）确定锚索设计长度。

给定：锚索孔径 ϕ=0.15m，倾角 15°，孔壁极限黏结力 δ_{sk}=50kN/m^2。单位锚固力为 23.55kN/m。

滑动面外侧锚索长为：

一排：8m+2m=10m

二排：4m+2m=6m

滑动面内侧锚索长为：

一排：$\dfrac{250\text{kN}}{23.55\text{kN/m}} \approx 11\text{m}$

二排：$\dfrac{378.5\text{kN}}{23.55\text{kN/m}} \approx 16\text{m}$

锚索长度为：

一排：10m+11m=21m

二排：6m+16m=22m

上述试算结果表明，桩锚支护体系设计的思路应该先按朗肯土压力法初算，然后按雷斯、布罗姆斯模型验算，最终完成动态设计。动态设计的核心是确定分层开挖安全系数。

6.3　超前短桩与喷锚网组合支护

超前短桩与喷锚网组合支护只能用于基坑允许较大变形，且开挖深度不大于 5m 的基坑，本书通过分析这一支护结构，论述软土基坑动态设计安全系数的理念。

下面通过实例来说明。

1）基本参数

深度5m，饱和软黏土 c=5kN/m^2，φ=12°，γ=17kN/m^3。锚杆长度分别为1、2排7m，3排6m，4、5排4m。锚孔直径$\phi_{孔}$=15cm，锚杆钢筋ϕ2.5，锚固力 q=26kN/m^2，锚杆采用全长锚固型，纵向、横向间距均为1m。

木桩长4m，尾径不小于0.12m，间距0.2m。

钢筋网：网格25cm×25cm，网筋ϕ6的圆钢。

喷射混凝土强度 c_{25}，一次喷射厚度为5～6cm，二次喷射厚度为10～12cm。

2）开挖

分层、分段开挖。一、二层挖深2m，三层挖深1m，每段开挖长度20m。

3）支护

确定支护参数之前，首先要求出滑动力，给出安全系数 k=1.5，依此求出所需抗滑力。

为了简化计算，假定为平面滑动，滑动角30°，单元宽度取1.0m。

支护参数断面图如图6-2所示。

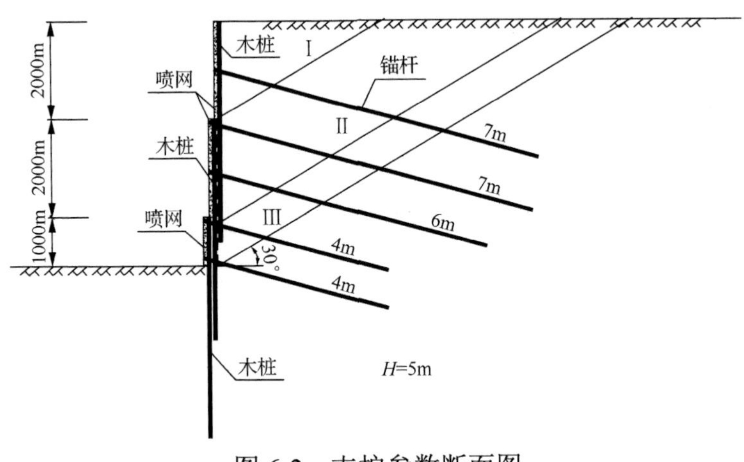

图6-2　支护参数断面图

（1）一层开挖。开挖前在地面施工竖向木桩，一层开挖瞬间只能由超前支护的木桩限制土体的侧向变形。由于桩头没有约束，采用雷斯竖向桩受水平力的力学模型。

$$P_{u1}=\frac{1}{2}\times17\times0.12\times2^2\times(1.52-0.66)\text{kN}/根=3.5\text{kN}/根$$

$$\sum P_{u1}=3.5\times5\text{kN}=17.5\text{kN}$$

一层土体滑动力水平分量为

$$F_{t1}=17\times4\times1.0\times\sin30°\times\cos30°\text{kN}=29.4\text{kN}$$

一层土体滑动面上 c 值阻滑力水平分量为

$$c_{t1}=5\times4\times1.0\times\cos30°\text{kN}$$
$$=17.3\text{kN}$$

一层安全系数

$$k_1=\frac{(17.3+17.5)}{29.4}=1.18$$

每段开挖长度 20m，要求开挖后 5h 内完成敷设钢筋网，喷射混凝土，之后立即安装锚杆。每段支护施工时间 2～3d。一般基坑周长 200m 左右，一层开挖、支护时间约 25～30d，即二层开挖之前一层支护的锚杆锚固强度达到设计值。这就是说一层支护的锚杆可以作为二层开挖时的超前支护的一部分。

（2）二层开挖。

二层开挖前先施工二排木桩超前支护，同时施工二次喷射混凝土、喷层总厚度 10～12cm。

二层开挖、网喷锚支护如法施工，二层土体滑动力水平分量

$$F_{t1} = 150.2\text{kN}$$

计算 c 值阻滑力水平分量为

$$c_{t1} = 34.6\text{kN}$$

二排木桩极限抗力计算过程如下所述。

由于二排木桩桩头与锚杆联结，桩头受约束，因此计算单桩极限抗力采用布罗姆斯力学模型。

$$c_{u1} = \frac{17 \times 5 \times \tan 12^\circ + 17}{2\text{kN/m}^2} = 17.5\text{kN/m}^2$$

$$P_{u2} = 9 \times 17.5 \times 0.12 \times (2 - 1.5 \times 0.12)\text{kN/根} = 34.4\text{kN/根}$$

$$\sum P_{u2} = 34.4 \times 5\text{kN} = 172\text{kN}$$

锚杆单位长度锚固力为

$$0.15 \times 3.14 \times 1.0 \times 26\text{kN/m} = 12.2\text{kN/m}$$

锚杆有效长度为

$$3.7\text{m} + 4.7\text{m} = 8.4\text{m}$$

锚杆锚固力水平分量为

$$L_{t2} = 12.2 \times 8.4 \times \cos 15^\circ\text{kN} = 99.0\text{kN}$$

二层安全系数为

$$k_2 = \frac{99 + 113 + 34.6}{150.2} = 1.6$$

从二层开挖支护过程可以看出一排超前支护木桩已完成它的使命。一、二排锚杆开始发挥支护作用。二层土开挖过程中一、二排锚杆实际上是超前支护的一部分。另外，可以看出二层支护安全系数在增大。

（3）三层开挖。

三层开挖前先施工三排超前支护木桩、二次喷射混凝土。三层开挖深度 1m，网喷锚支护如法施工。

三层开挖土体滑动力水平分量为

$$F_{t3}=234\text{kN}$$

三层滑动面上 c 值产生阻滑力水平分量为

$$c_{t3}=44.7\text{kN}$$

木桩提供的单桩极限抗力计算如下。

由于桩头受到约束，单桩极限抗力采用布罗姆斯力学模型。

$$c_{u2}=12.4\text{kN}/\text{m}^2$$

$$P_{u2}=11\text{kN}/\text{根}$$

$$\sum P_{u2}=55\text{kN}$$

$$c_{u3}=14.4\text{kN}/\text{m}^2$$

$$P_{u3}=43.2\text{kN}/\text{根}$$

$$\sum P_{u3}=43.2\times5=216\text{kN}$$

三层开挖瞬间锚杆有效长度 $\sum L=11\text{m}$（此时最后一排锚杆还未施工）

锚杆锚固力水平分量为

$$L_t=129.6\text{kN}$$

三层开挖瞬间安全系数为

$$k_{3\text{瞬}}=\frac{(44.7+55+216.2+129.6)}{234}=1.9$$

三层开挖最终锚杆有效长度 $\sum L=15\text{m}$

锚杆锚固力最终水平分量为

$$L_t' = 176.8\text{kN}$$

三层开挖最终安全系数为

$$k_{3最终} = \frac{(44.7+55+216.2+176.8)}{234} = 2.1$$

从三层开挖、支护可以看出，基坑挖完最后一层有两个安全系数，一个是开挖瞬间的安全系数，另一个是底部支护结构施工后达到支护强度的最终安全系数。

4）小结

（1）超前支护采用竖向木桩，首先是因为木桩能很好地适应土体的大变形，另外海南省民宅用竖向木桩作为复合地基有几十年的历史了，取材方便有施工设备。

（2）选用短桩受水平力的力学模型事先经过研究的。雷斯模型与布罗姆斯模型是极限平衡法中的实用模型，物理前提明确、可信，适合长度短且有一定刚度的桩。雷斯模型适合地表短桩，桩头无约束，土体处于极限平衡状态。布罗姆斯模型适合土体发生塑性变形，桩头受约束的短桩。从计算结果可以看出，桩距地表越深承受的抗力越大，工程实践也证实了这点。这一结果告诉我们，采用竖向排桩加强底部支护结构非常合理，且施工完成后即达到设计强度。

（3）计算分析表明分层开挖、分层超前支护的基坑安全系数应该是动态的，随着基坑开挖深度的增加安全系数不断增大。

（4）所提出的分层开挖、分层支护的基坑到底存在两个安全系数：一个是开挖瞬间安全系数 $k_{瞬}$，另一个是最后施工的支护结构达到设计强度时的最终安全系数 $k_{最终}$。如果 $k_{瞬}$ 达不到设计要求可能会导致基坑

失稳。在本例中若将三排木桩改为挖到底后施工，则

$$k_{瞬} = \frac{(44.7+55+129.6)}{234} = 0.98$$

可见，同样的支护结构，施工工艺不同会导致严重后果。

6.4　本 章 小 结

（1）本章通过工程实例论述了动态施工力学在土体中开挖更为适合。通过论述安全系数的动态过程充分说明动态施工力学对土体开挖、支护具有指导意义。

（2）在分析支护结构特性的基础上指出：设计时主体支护结构时空效应必须顺应基坑土体的时空效应，与主体支护结构组合的支护结构时空效应应与主体支护结构时空效应相匹配。

（3）通过工程实例论证了桩锚支护体系的合理性，特别是以控制变形为前提的深基坑，采用桩锚支护应该是首选。

值得提出的是土层有承压水时，深基坑应选择地下连续墙与内支撑组合支护。

（4）一个好的基坑开挖支护设计，随着开挖深度的增加，安全系数应逐步增大，最终安全系数略大于规范要求值。如果 $k_{瞬}$ 值过小，会导致基坑失稳。

（5）超前支护、预应力锚索是软土深基坑动态施工力学的两种有效支护结构。

第 7 章　岩土体动态施工力学中的应用原理

本章主要论述叠加原理和圣维南原理在岩土体动态施工力学中的应用。

7.1　叠 加 原 理

力学上叠加原理成立的条件为小变形，线性弹性体本构方程。对于大变形的物体，叠加原理不再适用。

工程上只有两种支护结构的力学特性相一致才能叠加，否则不能直接叠加，如全长锚固锚杆与预应力锚索不能直接叠加。全长锚固锚杆是与岩土体共同变形中因杆体的弹性模量远大于岩土体的弹性模量，因约束岩土体变形而受力。锚索是向岩土体主动施加一个正压力改善岩土体的受力。两者的平衡条件相反，应变相容条件不同。这种情况不能直接叠加。

全长锚固锚杆与土体组合成单向连续锚杆增强的复合体，当土体侧向变形时，全长锚固锚杆因约束土体变形，在轴向受拉、侧壁受剪过程中，锚杆与土体产生能量传换，有利于土体稳定，因此土体与全长锚固锚杆可以直接组合。

7.2　圣维南原理

在求解弹性力学问题时，使应力分量、变形分量、位移分量完全满足基本方程并不困难，但是要使边界条件得到完全满足，却往往十分困难。此外，在很多的工程结构计算中都会遇到这样的情况，在物体的一小部分边界上，仅仅知道物体所受的面力，但其分布方式并不明确，因而无从考虑这部分边界上各应力的边界条件。在上述两种情况下，圣维南原理有时可以提供很大的帮助。

圣维南原理（Saint-Venant principle）可以这样表达：如果把物体的一小部分边界上的面力变换成分布不同但静力等效的面力（主矢量相同，对同一点的主矩也相同），那么近处的应力分布将有显著地改变，但是远处所受的影响可以忽略不计。

例如：设有柱形构件，在两端截面的形心受到大小相等、方向相反的拉力 P，如图 7-1（a）所示，如果把一端或两端的拉力变换为静力等效的力，如图 7-1（b）和图 7-1（c）所示，只有虚线部分的应力分布有显著的改变，而其余部分所受到的影响是可以忽略不计的。如果再将两端的拉力变换为均匀分布的拉力，集度等于 P/A，其中 A 为构件的横截面面积，如图 7-1（d）所示，仍然只有靠近两端部分的应力受到显著的影响。这就是说，在上述四种情况下，离开两端较远的部分的应力分布并没有显著的差别。

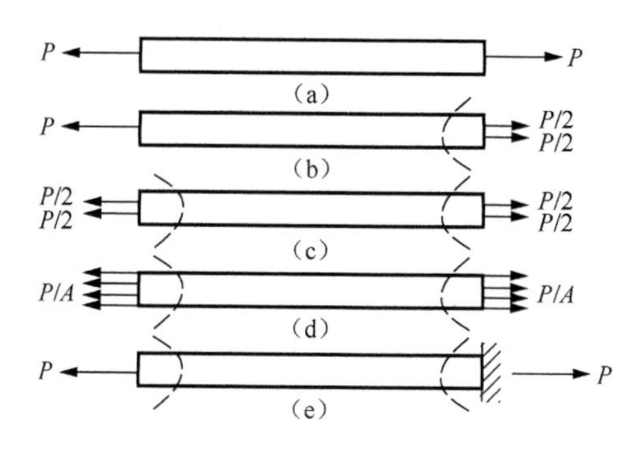

图 7-1　圣维南原理示意图

由圣维南原理可知，如图 7-1（d）所示的情况下，由于面力连续均匀分布，边界条件简单，应力是很容易求得而且解答是很简单的。但是，在其余三种情况下，由于面力不是连续分布，甚至只知道其合成为 P 而不知其分布方式，应力是难以求解或者无法求解的。根据圣维南原理，将如图 7-1（d）所示情况下的应力解答应用到其余三种情况，虽然不能完全满足两端的应力边界条件，但仍然可以表明离杆端较远处的应力状态，而并没有显著的误差。这已经由理论分析和试验量测证实。

必须注意：应用圣维南原理，绝不能离开“静力等效”的条件。例如，在如图 7-1（a）所示的条件上，如果两端面力的合力 P 不是作用于截面的形心，而具有一定的偏心距离，那么作用在每一端的面力不管它的分布方式如何，与作用于截面形心的力 P 总归不是静力等效的。这时的应力与图 7-1 中四种情况下的应力相比，就不仅是在靠近两端处有差异，而且在整个构件中都是不相同的。当物体一小部分边界上的位移边界条件不能精确满足时，也可以应用圣维南原理而得到有用的解答。例如，图 7-1（e）所示右端是固定端，这就是说，右端有位移边界条件 $u=u_s=0$ 和 $v=v_s=0$。把图 7-1（d）所示情况下的简单解答应用于这一情况时，这个位移边界条件是不能满足的。但是显然可见，右端的面力一定是合成为经过截面形心的力 P，这和左端的面力成平衡。这就是说，右端（固定端）的面力静力等效于经过右端截面形心的力 P。因此，根据圣维南原理把上述简单解答应用于这一情况时，仍然只是在靠近两端处有显著的误差，而在离两端较远处，误差是可以忽略不计的。

圣维南原理也可以这样表达：如果物体一小部分边界上的面力是一个平衡力系（主矢量及主矩都等于零），那么这个面力就只会使得近处产生显著的应力，远处的应力可以不计，这样的表达和上面的表达完全等效。因为静力等效的两组面力的差异是一个平衡力系。

7.3　大型岩土体边坡治理构思

基于施工动态力学叠加原理、圣维南原理，经过多年思考，本书作者提出治理大型岩土体边坡“三剑客”，即：①压剪筒压力型锚索；②钢管端锚、预应力、注浆全长锚固锚杆；③抗滑桩+钢管压力型锚索。

压剪筒压力型锚索构成边坡治理框架；钢管端锚、预应力、注浆全长锚固锚杆有效地加固框架内的岩土体；抗滑桩+钢管压力型锚索加固边坡底部，起固脚作用。只有“固脚”才能“强腰”。由于边坡下部应力水平较高，边坡常在底部发生剪切破坏。因此抗滑桩+钢管压力型锚索加强边坡底部非常必要。

1）压剪筒压力型锚索

（1）压剪筒压力型锚索受力端增加了钢管压剪筒，二者组成复合锚固体，使锚固体抗压强度提高 3～5 倍，避免了受压端锚固体被压坏的可能。同时压剪筒使剪应力峰值降低 2.8 倍，相当于 2.8 个分散压力锚头的作用。

（2）根据圣维南原理，分散压力型锚索各锚头上面钢绞线长度不等，合力不通过孔口锚板形心，因此不能形成静力等效，使锚索实际的受力状态与设计时有误差。这会影响锚索工作状态。压剪筒压力型锚索只有一个锚头，所有钢绞线都等长，没有不等效的缺点。

（3）防腐性能好，因为钢绞线是无黏结型构造，已经防腐，与压力分散型锚索相比，它只有一个内锚头，防腐简单。

2）钢管端锚预应力、注浆全长锚固锚杆

根据动态施工力学原理，钢管端锚预应力、注浆全长锚固锚杆改进了原有的全长锚固锚杆的结构和安装工艺。该锚杆分两次完成安装，将杆件由钢筋改成钢管。初期安装采用快硬水泥圈实现端锚，安装5h后施加预应力完成初期安装，待锚索完成预应力张拉、锁定后进行钢管注浆，注浆后立即往钢管内插入螺纹钢筋完成最后安装。

该锚杆作用机理为：端锚预应力可及时向岩土体提供支护抗力，在未注浆之前锚杆承受的岩土体变形均匀分布在管体全长，这就避免了以往全长锚固锚杆轴向力集中在杆体的某一部位的缺点。

在锚索施工过程中该锚杆及时向岩土体提供一个预应力，克服了锚索提供预应力不及时的缺点。该锚杆的预应力与锚索预应力进行叠加形成合力，待锚索预应力张拉、锁定后，往钢管内注浆实现全长锚固，此时锚杆与锚索将共同约束岩土体的变形起加固作用。

3）抗滑桩+钢管压力型锚索

工程实践表明“固脚强腰”是边坡加固原则之一。坡脚应力水平较高，易发生剪切破坏，抗滑桩本身就是很好的抗滑结构，再加上钢管压力型锚索与其结合，使抗剪能力进一步提高。

通过前文对圣维南原理的分析，本书作者认为目前采用大吨位、大间距锚索加固岩体边坡是不科学的，锚索中间部位岩体没有得到很好的加固。

先看一个用钳子夹截一直杆的例子，由图7-2可知，杆在A处受钳夹紧以后，就等于在该处加了一对平衡力系，无论作用力的大小如何，在夹住部分A以外，几乎没有应力产生，甚至杆被钳子截断后，A处以外仍几乎不受影响。研究证明，影响区的大小大致与外力作用区的大小相当。

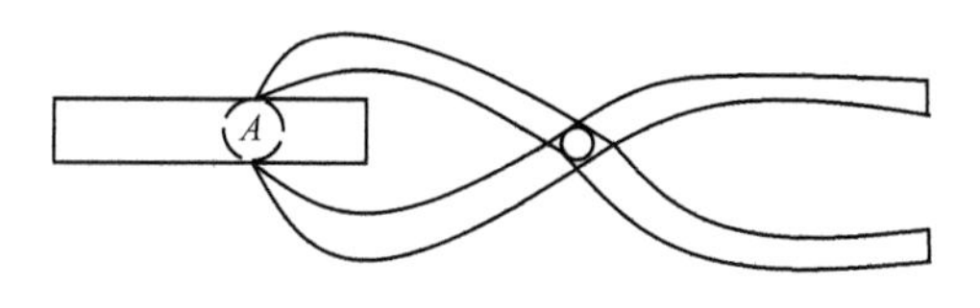

图 7-2　钳子夹截直杆示例

本书作者认为：

（1）岩体是经过变形遭受过破坏的地质体，换言之，岩体是多裂隙的不连续体。

（2）根据圣维南原理，认为锚索对裂隙岩体施加的大吨位预应力传递范围非常有限。预应力锚索周边的岩土体并没有得到有效加固。

（3）著名地质学家孙广忠教授指出：岩体力学的理论基础是对岩体结构的控制。预应力锚索既然不能对岩体结构进行有效控制，那么锚索的加固效果必然令人担心。

（4）岩体结构效应。岩体结构效应主要是岩体结构面之间软弱夹层物质的风化和变形，这种风化、变形是时间的函数。长期的风化中会导致岩体松动，使锚索预应力降低，进而导致边坡失稳。分析认为岩体结构效应是岩体边坡失稳的原因之一。

第8章　动态下的朗肯土压力

8.1　问题的提出

目前基坑工程支护设计多以朗肯土压力作为计算基础。第5章已给出朗肯土压力计算公式，尽管朗肯土压力是建立在极限平衡基础上，采用滑移线场推导得出，但朗肯求得的解答提供了土体内各处的静力许可场。因为朗肯解答既是上界解答又是下界解答，所以朗肯解答是精确的。

基坑工程常出现问题，有人说朗肯土压力不严谨。本书作者认为问题的出现不在于朗肯土压力本身，而在于设计者的理念。人们习惯于使用朗肯土压力的三个特征值，即 σ_{min}、σ_o、σ_{max}。比如，当主动土压力已经形成，被动土压力远未形成时，设计者常用被动土压力去平衡主动土压力。再如，设计者常将主动土压力值作为计算支护结构受力依据，但支护结构不能有效的控制土体变形，使作用在支护结构上的土压力远大于主动土压力。又如，按控制变形设计基坑支护计算时，按主动土压力计算，这与实际不符。本书作者认为以上设计者种种理念是导致问题发生的主要原因。

以上问题，其实太沙基早就诠释到了。1960年太沙基在他的《理论土力学》一书中指出：由于变形条件对土压力分布影响起着决定性作用，在进行土压力计算之前应细心地研究这个条件。

8.2　解决问题的途径

从朗肯土压力的推导过程不难看出，朗肯土压力是土体侧向变形的函数，即朗肯 $E = f(\Delta x)$。变形的取值范围 $\delta_{\min}\sim\delta_{\max}$。基于此，本书作者提出：动态下朗肯土压力的构思。也就是说，给定一个土体侧向位移，它将对应一个作用在支护结构上的土压力。

为了便于工程应用，建立以下三个基本概念。

1. 降低的被动土压力

降低的被动土压力实质上是形成主动土压力时刻作用在入土那部分桩上的支承反力。这个支承反力与主动土压力相平衡。这个力是真实的被动土压力，称降低的被动土压力。工程经验中，一般将朗肯被动土压力系数除以 2 或除以大于 2 的数作为降低被动土压力取值。

2. 提高的主动土压力

因为工程中有时支护难以控制土体变形，此时作用在支护上的真实土压力往往会高于朗肯主动土压力。此时将朗肯主动土压力乘以一个大于 1 小于 2 的数，所得的土压力会接近真实的土压力，但这个土压力必须小于静止土压力。

3. 静止土压力

按控制变形设计基坑支护时，土压力按静止土压力计算。

$$P_0 = k_0 \frac{h^2\gamma}{2} \tag{8-1}$$

式中：P_0——作用在无侧向位移坑壁支护墙上的土压力；

k_0——静止土压力系数，其中 $k_0 = 1 - \sin\varphi$；

h——基坑开挖深度；

γ——基坑土体平均容重。

值得指出的是本书作者提出的估算土压力的概念仅是一种过渡。本书作者相信今后会建立完备的计算方法。在这个过渡期，工程经验还是具有指导意义的。

8.3　工 程 应 用

基坑工程目前常用的支护结构主要是悬臂桩和桩锚结构。支护结构特点是：利用桩入土桩长 d 产生的被动土压力平衡悬臂部分承受的主动土压力。在大量的基坑工程实践中和多起基坑事故中积累的工程经验如下所述。

基坑稳定与护壁桩入土深度 d 的关系为

基坑底部为砂土时，基坑稳定条件

$$\frac{d}{H} > 1.5 \sim 2 \tag{8-2}$$

基坑底部为软黏土时，基坑稳定条件

$$\frac{d}{H} > 2.5 \sim 3 \tag{8-3}$$

考虑基坑开挖时坑底土体受到扰动的因素，计算求得的 d 值应增加 20%（即 $1.2d$）。

根据以上工程经验举例验证降低被动土压力概念和采用静止土压力设计控制变形的支护结构。下面进行悬臂桩支护基坑稳定分析。

如图 8-1 所示，悬臂桩支护深 1.8m 的干砂砾土的基坑，砂砾土参数为$\gamma = 19\text{kN}/\text{m}^3$，$\varphi = 30°$。由于不控制桩的垂直移动，故土与桩之间的剪切力忽略不计，求得朗肯主动土压力系数$k_\text{a} = 0.333$，被动土压力系数$k_\text{p} = 3$。

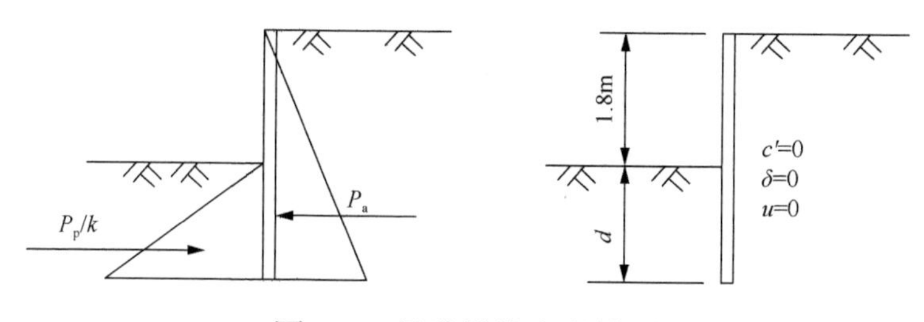

图 8-1　悬臂排桩力学模型

取 1m 宽基坑单元，对基坑底进行力矩平衡，有

$$\frac{1}{6}\times 3.0\times 19\times d^3 = \frac{1}{6}\times 0.333\times 19\times (d+1.8)^3$$

得$d \approx 1.665\text{m}$。

式中，d 为桩入土深度。考虑挖土因素，取$1.2d = 1.665\text{m}\times 1.2 = 1.998\text{m}$。

从前面采用悬臂桩支护的基坑事故中可知，

$$\frac{1.2d}{H} = \frac{1.998\text{m}}{1.8\text{m}} = 1.11$$

此时基坑壁必然倒塌。

仍引用上例条件，现引用降低被动土压力概念即$\frac{k_\text{p}}{2}$，有

$$\frac{1}{6}\times 1.5\times 19\times d^3 = \frac{1}{6}\times 0.333\times 19\times (d+1.8)^3$$

得$d \approx 2.763\text{m}$。

考虑挖土因素，取$1.2d$ =2.763m×1.2=3.3156m，则$\frac{3.3156\text{m}}{1.8\text{m}} = 1.842$，根据工程经验，此时满足基坑稳定条件。

上例中，如果按控制变形设计悬臂桩，此时作用在悬臂部分的土压力系数应取$k_0 = 1 - \sin 30° = 0.5$，则

$$\frac{1}{6} \times 1.5 \times 19 \times d^3 = \frac{1}{6} \times 0.5 \times 19 \times (d + 1.8)^3$$

得$d \approx 4.07\text{m}$。

考虑挖土因素，取$1.2d = 4.07\text{m} \times 1.2 = 4.884\text{m}$。

为了进一步验证所建立概念的实用性，本书作者在上例中取φ分别为20°、30°、40°，基坑开挖深度分别为1.8m和5.0m条件，对主动土压力、被动土压力和静止土压力情况进行悬臂桩支护稳定分析，悬臂桩入土深度如表8-1所示。

表 8-1　悬臂桩入土深度

h/m	φ /（°）	d / 系数状态	注
1.8	20	3/A　6.7/B　12/C	h——基坑开挖深度； φ——土体内摩擦角； d——桩入土长度； A——特征值状态土侧压系数(k_a、k_p)； B——降低的被动土压力系数$\left(\frac{k_p}{2}\right)$； C——控制变形设计值，取$\frac{k_p}{2}$和$k_0 = 1 - \sin\varphi$。
	30	1.65/A　2.7/B　4.1/C	
	40	1/A　1.5/B　2.7/C	
5.0	20	8.4/A　18.6/B　34.6/C	
	30	4.9/A　7.7/B　11.4/C	
	40	2.8/A　4.2/B　7.5/C	

分析表8-1可以看出以下两点：

（1）软土（$\varphi = 20°$）中悬臂桩的入土深度d是硬土（$\varphi = 40°$）的4.4～4.6倍。

（2）软土中悬臂桩入土深度d与基坑开挖深度h的比值为6.7～6.9倍。

从以上分析可知：软土基坑采用悬臂桩支护是不明智的选择，建议

采用桩锚支护结构。

8.4　本 章 小 结

本章强调朗肯土压力是一个动态的物理量，因此动态取值合于客观规律。

建立估算土压力概念，目的是使采用的土压力更接近作用于支护上的真实土压力。举例分析的结果较为乐观。

第9章　安全监测

9.1　回顾与现状

20世纪70年代新奥法（NATM）传入我国后，由于现场监测是新奥法的重要组成部分，有的学者称之为信息化施工。另有学者将现场监测称为安全监测。本书作者认为将现场监测说成安全监测不妥，原因是当初本书作者参加了现场施工与监测，监测的目的是了解喷射混凝土和全长锚固锚杆与围岩共同变形过程中所起的支护作用。

20世纪80年代于学馥教授组织一期高等岩石力学讲习班，主要讲地下工程稳定分析，为我国研究新奥法培养一批人才。于教授一句名言是新奥法的理论是中国人发展的。

本书作者认为地下工程监测的理论体系是完善的。初期根据监测结果分析支护受力，指导施工，有时会修改原始设计。后期发展成根据监测结果进行位移分析。在数值分析的帮助下，求取围岩的力学参数进而用于工程设计。

地面工程的现场监测就是增加安全监测的含意。地面岩石边坡工程应属于经过变形又遭受过破坏的地质体。在裂隙处、弱面处岩体的力学特性很难确定，基于这种条件，岩石边坡工程的现场监测增加了安全部分。

由于边坡属永久工程，设计计算必须严谨。监测手段有的是引用大坝观测的方法，仪器是可靠的。

近30年建筑基坑大量出现。由于基坑工程是临时的，“省钱”的概念有时放在第一位。伴生而来的就是多种支护结构的出现，比如“复合土钉墙”支护结构就有13种，接踵而来的是基坑失事，事故频发，人们对基坑在服务期内会不会发生事故心里没底，导致国标《建筑基坑工程监测技术标准》（GB50497—2019）中专设一章“监测报警”。因此目前的基坑监测是名副其实的安全监测。

9.2　莫尔-库仑土体强度准则

1. 莫尔-库仑模型剪应力-剪应变关系

莫尔-库仑模型剪应力-剪应变关系如图9-1所示。

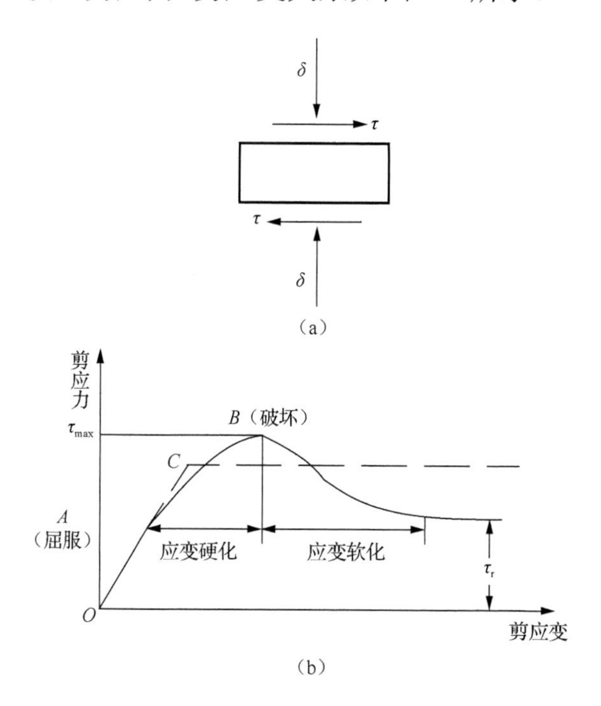

图9-1　莫尔-库仑模型剪应力-剪应变关系曲线

图 9-1 中实线表示典型的真正的土的剪应力-剪应变关系曲线，虚线表示弹性完全塑性模型土的剪应力-剪应变关系曲线。从图 9-1 中可以看出，当剪应力很小时，相应的剪应变是接近线性和弹性的。剪应力增大到 A 点，塑性剪应变开始显著增大，土体开始屈服，称 OA 段为土体的弹性阶段。土体屈服后还是有一定的抗剪能力，直到剪应力达到峰值 B 点。由 A 到 B 这段曲线所对应的应变称为应变硬化。土体破坏以后，土中的剪应力开始降低，最后保持一个残留的剪应力 τ_{r} 状态，这一阶段土体的应变称为应变软化。如果土体不发生崩塌，τ_{r} 基本是一个常数。真实的莫尔-库仑土模型工程上应用很不方便，于是简化成弹性-完全塑性莫尔-库仑模型，如图 9-1 中的虚线，从图中可以看出简化的莫尔-库仑模型是将 A 点与 B 点缩到 C 点，也就是说图中 OC 为弹性阶段，C 点以后是一条水平线，即完全塑性。简化模型屈服条件与破坏条件相同，土体屈服后剪应力为常数，对应的是多个剪应变。

土体的抗剪强度准则莫尔-库仑公式为

$$\tau_{\mathrm{f}} = c + \sigma_n \tan\varphi \tag{9-1}$$

式中：τ_{f}——土在破坏时剪应力的绝对值；

σ_n——破坏面上法向应力，取压应力为正值；

c——土体黏结力；

φ——土体内摩擦角。

后来太沙基改为用有效应力表示，即

$$\tau_{\mathrm{f}} = c' + \sigma_n' \tan\varphi' \tag{9-2}$$

式中：σ_n'——有效法向应力；

c'、φ'——用有效应力表示抗剪强度的参数，接近为常数。饱和土用$\sigma_n' = \sigma_n - u$表示足够精确，此处u为孔隙水压力。

2. 对莫尔-库仑模型的认识

（1）莫尔-库仑模型只给出土体的破坏应力，没有给出应变如何，从简化的模型中可以看出极限应力对应着多个剪应变。

工程实践表明过大的地面水平移动是基坑不稳定的最初标志。莫尔-库仑简化模型不能预估这种位移。后来太沙基给出直壁开挖基坑失稳时坑顶水平位移值约为$H/1000 \sim 2H/1000$，多年来的基坑工程实践证明了太沙基的观点。

（2）莫尔-库仑模型表示中间主应力δ_n不影响抗剪强度。

9.3 基坑设计浅议

1. 基坑事故

人们常说目前基坑设计理论不严谨，有待今后研究和发展。这句话没有错，理论落后于实践是客观规律。本书作者认为基坑现状有人为的因素，为了“省钱”推出各种工法、复合土钉墙结构，扩大应用范围，导致设计结果心中无数，只能靠安全报警。

例如，北京某大厦基坑设计深度 14m，采用复合土钉墙支护，挖深 10m 后基坑发生垮塌；海口某大厦基坑设计深度 7m，采用三排水泥土搅拌桩支护，基坑挖到第二天，发生倒塌。又如，海口某大厦基坑设计深度 14m，采用 SMW 工法+预应力锚支护，基坑开挖 50d 后坑顶地面发生张拉裂缝，随后发生上下错动，进而坑底土体滑塌，基坑事故导致公路产生裂缝，影响该路段正常通车时间长达 60 余 d。

2. 基坑事故分析

（1）复合土钉支护中采用全长锚固锚杆与预应力锚索组合结构，锚杆是被动加固土体，锚索是主动向土体施加一个预应力，改善土体受力状态。两者的力学特性不同，不能直接组合。

该基坑挖到 10m 深时，壁面土体在自重应力场作用下已经进入塑性状态。由于没有超前支护，塑性区会向土体内部扩展。土体开挖后施工本层的锚杆、锚索达到设计强度需要 3～6d 时间，这段时间基坑的安全无法保证，因此这种支护结构在基坑开挖深度较大时，易发生事故。

（2）多排水泥土桩支护基坑事故的发生主要是设计计算问题。为了说明问题，现取一根水泥土桩分析。由于各层土的强度不同，土与水泥搅拌后形成的水泥土桩竖向强度不等是自然的。竖向强度不等的桩受水平推力作用如何分析，本书作者没有见过有关资料。对于这种抗拉强度很低，各段的桩的弹性模量 E、抗弯性能 M 值相差很大的桩体受水平推力作用肯定不能承受大变形。因此本书作者认为用材料力学、结构力学所做的计算只能是一种估算。这是因为软土基坑属于大变形问题。

本书作者认为这种支护结构只能用于深度 5m 以下的三类基坑，即使发生事故对周边影响不大，如果未发生事故钱就省下了。

（3）采用 SMW 工法与锚索组合失事的基坑属于一类基坑。基坑三面临柏油马路，一面临民宅小区。基坑三面直壁开挖一面放坡开挖。基坑开挖后 50d 马路的两壁地表发生开裂，之后发展成垮塌。本书作者认为事故是由 SMW 工法造成的。SMW 工法的核心技术是水泥土桩内插入一根型钢，以此增加强度。下面对水泥土桩内插入型钢组合强度进行概念分析。以全长锚固锚杆与土体组合的单向连续锚杆增强组合材料的锚杆墙为例：当土体侧向变形时锚杆轴向受拉，侧向受剪，当剪应力过大时，墙面的护层将阻止土体变形，使应力向土体深部传递，这个发展过程最终达到锚杆墙稳定。

现在将问题转向 SMW 工法中水泥土与型钢组成的复合材料桩。复合材料桩受水平推力作用发生弯曲，先是水泥土拉裂，进而在水泥土与型钢的质面上产生剪应力，当复合材料桩继续弯曲时，质面将产生剪切破坏，使型钢与水泥土分离。这样抗受水平推力只有型钢了。由于此时型钢周围的水泥土已经开裂，失去侧限作用，这种情况型钢的破坏并不是弯曲破坏，而是扭曲失稳。我们都知道型钢扭曲失稳的力比弯曲破坏的力小得多。以钢筋混凝土桩配筋为例。钢筋混凝土桩中的配筋由主筋、负筋、箍筋形成一个结构，称“钢筋笼子”。钢筋采用螺纹钢筋，与水泥之间黏结力很强。相比之下，便知 SMW 工法中水泥土与型钢能否协调受力。

本书作者认为 SMW 工法也只能用于 5m 深以内的三类基坑。如果 SMW 工法与锚索组合也只能用于 7m 以内的三类基坑。

9.4 基坑安全监测

由前文所述可知，基坑支护设计必须遵循动态施工力学。监测服务于动态施工力学，是动态施工力学的重要组成部分。

基于此，提出以下几点看法，希望对基坑安全监测有所借鉴。

1. 莫尔-库仑模型

（1）尽管简化的莫尔-库仑模型理论上有不足之处，但土处于极限平衡状态（临界状态）时，从理论上分析莫尔-库仑模型是定性描述土体性状的极好模型。因为屈服条件不受中间主应力分量的影响。从这点看，莫尔-库仑模型是严密的。简化模型所带来的误差是偏于安全的，也正是这些原因使莫尔-库仑模型在工程中应用有百年的历史。

此外需要指出的是简化莫尔-库仑模型有希望用于定量分析，它的弹性-完全塑性应力-应变曲线可以作为有限单元法的定律基础，这有待开发。

（2）莫尔-库仑模型的缺点是不能给出坑顶水平位移估算值。这就需要我们重点监测坑顶水平位移。因为坑顶水平位移是基坑不稳定的初期标志。

2. 朗肯土压力

（1）前文所述可知朗肯土压力是动态的。它是作用在基础壁面支护结构上的力。它决定于基坑总的水平位移，也决定于支护结构的力学特性，是两者相互作用的结果。因此我们要监测的是基坑总的水平位移，而不是监测某点的相对位移。

（2）根据朗肯土压力理论，土体处于极限平衡状态时塑性区内各点的应力基本上是一个常数，这意味着监测土体塑性区的应力意义不大。

3. 监测内容、部位、仪器

1）水平位移监测

主要监测部位：基坑顶，基坑中下部。

（1）坑顶水平位移监测有直接观测法和间接观测法。直接观测法有收敛计法、百分表位移计法和钢弦位移计法。直接观测都可以做到数显。间接观测法主要是用全站经纬仪测定监测点的坐标，坐标变化量即为测点的水平位移。

需要指出的是，坑顶水平位移间接观测法只能用于二级、三级基坑。特级、一级基坑国产现有全站仪的精度不够。

（2）基坑中下部水平位移观测只能用直接观测方法。观测仪器有WJ-2型百分表位移计，量程50mm，精度0.02mm；WY-5型钢弦位移计，量程50mm，精度0.05mm。

2）垂直位移监测

垂直位移监测主要监测部位：基坑顶部、基坑底部（底板隆起）。垂直位移主要采用精密水准仪观测。

3）锚杆、锚索受力监测

锚杆、锚索是岩土体加固的主要手段，地下工程、地面边坡工程几乎都离不开锚杆、锚索加固，因此监测锚杆、锚索的受力十分重要。

（1）锚杆，一般指全长锚固锚杆。它的作用表现在全长对岩土体的锚固作用。因此只要测出杆体的伸长量就能计算出锚杆的受力。本书作者研制一种在现场直接观测锚杆伸长量的量测锚杆（称CGIV-Ⅲ型量测锚杆），很受工程界欢迎。

（2）锚索。预应力锚索有拉力型、压力型锚索，但监测的目的只有一个，即监测张拉锁定的预应力。比较稳定的监测仪器首推钢弦测力计。

9.5　本 章 小 结

安全监测是岩土体动态施工力学的重要组成部分。只有按动态施工力学原理进行基坑支护设计，安全监测才能发挥指导施工的作用，否则基坑安全监测只能起报警作用。

第 10 章　锚索、锚杆、抗滑桩在边坡加固中的应用

1. 概述

本书作者认为，在边坡加固设计之前，应进行动态规划，即构造解决问题的途径。在这个过程中，叠加原理是衡量支护结构能否直接组合的标准。在处理复杂边界问题和衡量加固效果等问题中圣维南原理力的作用局部性思想会有帮助。

根据岩土体动态施工力学原理选择的支护结构力学特性必须与岩土体开挖引起的时空效应相顺应（响应）。组合支护结构的力学特性应与主体支护结构的力学特性相匹配。

在设计之前，本书作者应用叠加原理判定普通的全长锚固锚杆不能与预应力锚索直接组合，这是因为普通的全长锚固锚杆被动受力。在与岩土体共同变形的过程中，锚杆因约束岩土体变形而受力。预应力锚索是主动向岩土体施加一个压力，改善岩土体受力状态。从力学上分析，“两者平衡条件相反，应变相容条件不同”不能直接组合。本书作者选择钢管端锚预应力注浆全长锚固复合锚杆（简称 YM 锚杆）与预应力锚索直接结合。YM 锚杆使结构用钢管取代螺纹钢筋做锚杆体，并通过调整施工工艺，使 YM 锚杆的平衡条件与预应力锚索平衡条件相一致。

YM 锚杆先安装端锚部分，安装 5 小时后再用扭力扳手施加预应力，及时向岩土体提供一个支护抗力，待锚索完成预应力张拉锁定之后，再

进行 YM 锚杆管体注浆并插入螺纹钢筋实现全长锚固。

从上述 YM 锚杆结构和施工工艺可以看出，YM 锚杆与预应力锚索直接组合使两者的支护作用形成叠加。在设计预应力锚索时避免了大间距布置方案，因为根据圣维南原理，大间距锚索周边较远的岩土体不会得到有效的加固。

本章通过一个边坡工程加固实例说明压剪筒压力型锚索，管式端锚、预应力、注浆全长锚固复合锚杆，抗滑桩在边坡加固中的组合应用。

2. 工程概况

某厂区有一土质边坡需要加固，坡高 24.5m，长 87m，允许放坡 80°。土层为第四系残积粉砂质黏土，厚 27m，$\gamma = 23\text{kN/m}^3$，c=25kPa，φ=28°，土体单轴抗剪强度 $\tau_c = 150\text{kPa}$，锚固体与锚孔壁黏结强度 q_s =100kPa。坡底设置排水沟，要求加固完成最终安全系数 k=1.5。

3. 动态规划

（1）由于坡高 24.5m，坡底设置排水沟，采用前文所述的组合加固。

（2）确定自稳高度 h_0。

$$h_0 = \frac{2c}{\gamma}\tan\left(45° + \frac{\varphi}{2}\right)$$

$$= \frac{2\times 25\text{kN/m}^2}{23\text{kN/m}^3}\times\tan\left(45° + \frac{28°}{2}\right)$$

$$=3.6\text{m}$$

（3）估算壁面处屈服高度 h_c。

$$h_c \leqslant \frac{2\tau_c}{\gamma} = \frac{2\times 150\text{kN/m}^2}{23\text{kN/m}^3} = 13\text{m}$$

（4）根据估算的 $h_c \leqslant 13\text{m}$，认为该边坡开挖深度达到 13m 时，壁面土体开始屈服，进入塑性状态。如果不采用超前支护单靠面层不足以维护壁面稳定。因此设计时必须考虑在开挖深度达到 13m 之前增加超前支护。

4. 选择边坡破坏力学模型确定最大张力线

选择朗肯拉伸破坏模型，边坡底部的滑动线为与水平面成 $59^\circ\left(\text{即}45^\circ+\dfrac{28^\circ}{2}\right)$夹角的斜直线，边坡顶部的滑动线距开挖面 $0.35h$（h 为边坡高度）的竖直线，因此最大的张力线是由这两条线相交组成的双折线。

5. 划分单元，确定分层开挖高度

根据组合加固综合服务过程确定单元宽度为 2.0m。

根据采用竖向短桩作超前支护及支护结构工艺要求，确定各分层开挖高度为：第 1 层开挖深度 3m，第 2～5 层挖深 4m，第 6、7 层挖深 2m，第 8 层挖深 1.5m。

6. 设计计算的基础数据

（1）钻孔直径均为 0.2m，锚固力 39kN/m。

（2）管式端锚、预应力、注浆全长锚固复合锚杆长度均取 9m。

（3）超前支护桩采用 $\phi 114\times4$ 焊接钢管长 6m，管内注浆，间距 0.5m，超前支护桩不单起超前支护作用，同时是面层的组合部分。

（4）面层网筋 $\phi 12$ 螺纹钢筋，网格 25cm×25cm，喷射混凝土厚度 12～15cm，强度 C30。要求钢筋网与锚杆焊接，强度大于锚杆体拉断强度。

（5）抗滑桩及桩上压剪筒压力型锚索布置。

6 层底施工抗滑桩，桩型钢筋混凝土桩，桩径 0.8m，间距 1.0m，桩长 10m。抗滑桩上布置 2 排压剪筒压力型锚索，1 排布置在 6 层底，另 1 排布置在 7 层底，每桩 1 锚，锚索长度 10m，待第一排锚索（压剪筒压力型锚索）预应力张拉锁定后才能开挖 7 层土。

（6）分层安全系数取值。

1～3 层 k 值取 1.2，4 层 k 值取 1.3，5、6 层 k 值取 1.4，7、8 层 k 值取 1.5。

安全系数是根据岩土体动态施工力学及边坡底修建水沟切割坡底等因素确定的。

7. 参数计算公式

土体拉伸破坏滑体模式如图 10-1 所示。

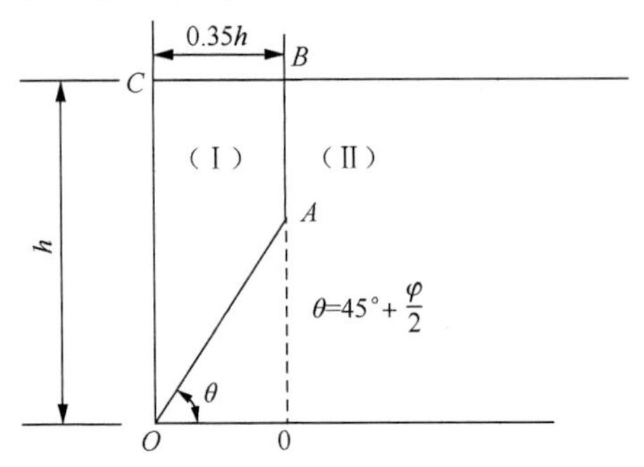

Ⅰ—活动区；Ⅱ—抵抗区；OAB—最大张力线。

图 10-1　土体拉伸破坏滑体模式

（1）单元滑体重力 w 为

$$w=(0.35h-0.35\times0.35h\times\tan59^{\circ}\div2)\times d\times\gamma\times h$$

式中：h——开挖高度；

d——单元宽度；

γ——土体容重。

（2）单元滑体分解的滑动力 w_t 为

$$w_t = w \cdot \sin\theta$$

式中：θ——边坡下部土体剪切破裂角，$\theta = 45^\circ + \frac{\varphi}{2}$。

（3）单元滑体分解的阻滑力 w_F 为

$$w_F = w \cdot \cos\theta \cdot \tan\varphi$$

（4）单元产生的阻滑力 $c_{阻}$ 为

$$c_{阻} = s_{滑} \times c$$

（5）单元必要的抗滑力 P_γ 为

$$P_\gamma = k \times w_t - w_F - c_{阻}$$

（6）超前桩、抗滑桩水平抗力计算有

$$P_u = 9c_u \times B(L - 1.5B)$$

$$c_u = \left(\frac{\gamma L}{2} \times \tan\varphi + c\right) \times \frac{1}{2}$$

式中：P_u——单桩水平极限承载力；

γ——土体容重；

B——桩宽度；

L——桩入土深度；

c——土体黏结力；

c_u——土体不排水抗剪强度；

φ——土体内摩擦角。

8. 单元支护结构布置

单元支护结构布置如图 10-2 所示。

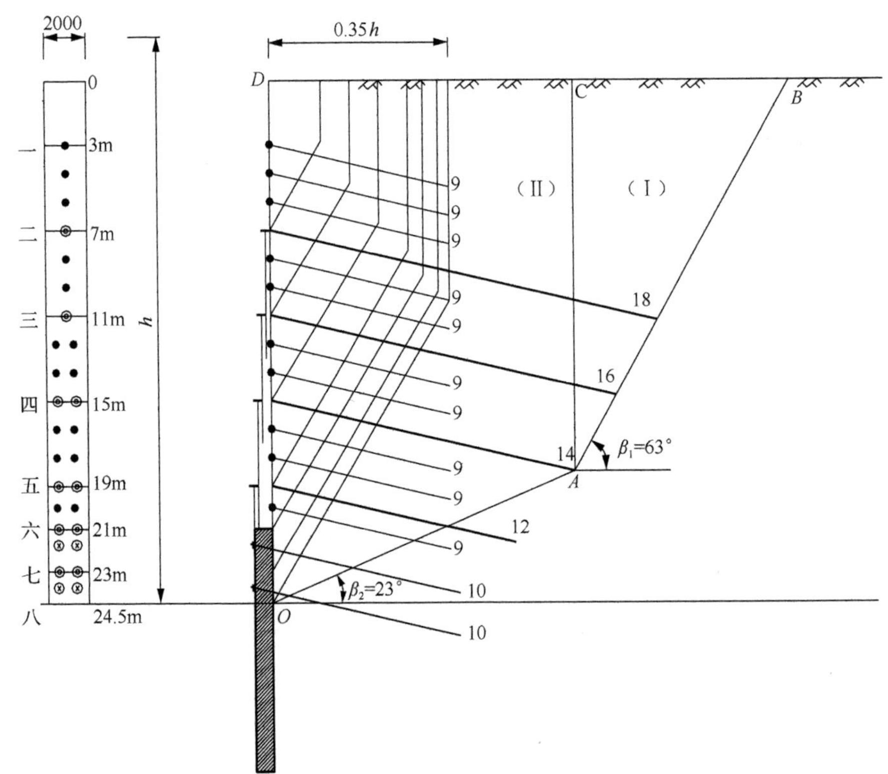

◎—压剪筒压力型锚索；●—管式端锚、预应力、注浆全长锚固复合锚杆；

⊗—抗滑桩；|——超前桩；▨——抗滑桩。

图 10-2　单元支护结构布置图

9. 分层计算支护参数

1）一层支护参数

一层开挖 3m，仅进行护面。采用击入土钉，长 0.8～1.0m，间距 1.0，钉体采用直径为 25mm 的螺纹钢筋，网格 25cm×25cm，喷射混凝土厚度 15～20cm，强度 C30，要求钢筋网与锚杆焊接。

一层安装 2 根 YM 锚杆（管式端锚、预应力、注浆全长锚固复合锚杆）作为二层开挖的超前支护。

2）二层支护参数

二层支护参数有：

$$h_2 = 7\text{m}，\ L_{\text{BC2}} = 2.5\text{m}，\ s_{滑2} = 2.5\times\cos59^\circ\times2\text{m}^2 = 2.58\text{m}^2$$

其中：h_2 为开挖深度；L_{BC2} 为地面张裂缝距基坑边距离；$s_{滑2}$ 为滑动面面积。

（1）$w_2 = 559\text{kN}$，$w_{\text{t2}} = 479\text{kN}$，$w_{\text{F2}} = 153\text{kN}$，

$c_{阻2} = s_{滑2}\times c_2 = 9.7\text{m}^2\times25\text{kN}/\text{m}^2 = 242.5\text{kN}\approx243\text{kN}$，

$P_{\gamma2} = k_2\times w_{\text{t2}} - w_{\text{F2}} - c_{阻2} = (1.2\times479-153-243)\text{kN}\approx179\text{kN}$。

其中：w_2 为滑体重力；w_{t2} 为滑体分解的下滑力；w_{F2} 为滑体分解的阻滑力；$c_{阻2}$ 为黏结力具有的阻滑力；$s_{滑2}$ 为滑动面面积；c_2 为黏结力；$P_{\gamma2}$ 为需要提供的锚固力。

（2）二层开挖后安装 2 根管式端锚、预应力、注浆全长锚固复合锚杆，层底安装 1 根压剪筒压力型锚索，长 18m，以上均不计本层服务，作为三层开挖的超前支护。

本层有效锚杆长度为

$$(9-2)\times2\text{m} = 14\text{m}$$

提供的锚固力为

$39\text{kN/m}\times14\text{m} = 546\text{kN}$，由于 $546\text{kN}>179\text{kN}$，满足设计要求。

3）三层支护参数

$$h_3 = 11\text{m}，\ L_{\text{bc3}} = 0.35\times11\approx3.9\text{m}，\ s_{滑3} = 15\text{m}^2$$

（1）从三层起安装超前支护桩有：

$$c_{\mathrm{u3}}=\left(\frac{23\times 2}{2}\times\tan 28^{\circ}+25\right)\times\frac{1}{2}\mathrm{kN/m^2}\approx 18.6\mathrm{kN/m^2}$$

$$P_{\mathrm{u3}}=9\times 18.6\times 0.114\times(2-1.5\times 0.114)\mathrm{kN}\approx 35\mathrm{kN}$$

$$P_{超3}=35\mathrm{kN}\times 4=140\mathrm{kN}$$

（2）$w_3=1381\mathrm{kN}$，$w_{\mathrm{t3}}=1184\mathrm{kN}$，$w_{\mathrm{F3}}=378\mathrm{kN}$，$c_{阻3}=375\mathrm{kN}$，$P_{\gamma 3}=668\mathrm{kN}$。

（3）三层安装 2 根管式端锚、预应力、注浆全长锚固复合锚杆，三层底安装 1 根压剪筒压力型锚索，长 16m，均不计入本层服务。

本层有效管式端锚、预应力、注浆全长锚固复合锚杆长 19m，有效压剪筒压力型锚索长 16m，提供的锚固力 $P_{锚3}$ 为

$$P_{锚3}=39\,\mathrm{kN/m}\times(19\mathrm{m}+16\mathrm{m})=1365\mathrm{kN}$$

本层有效支护抗力 $P_{抗3}$ 为

$$P_{抗3}=1365\mathrm{kN}+140\mathrm{kN}=1505\mathrm{kN}$$

由于1505kN＞668kN，满足设计要求。

4）四层支护参数

$$h_4=15\mathrm{m}，\quad L_{\mathrm{BC4}}=5.3\mathrm{m}，\quad s_{滑4}=20.4\mathrm{m^2}$$

（1）$P_{超4}=140\mathrm{kN}$，$W_4=2567\mathrm{kN}$，$W_{\mathrm{t4}}=2201\mathrm{kN}$，$W_{\mathrm{F4}}=703\mathrm{kN}$，$c_{阻4}=510\mathrm{kN}$，$P_{\gamma 4}=(1.3\times 2201-703-510)\mathrm{kN}\approx 1648\mathrm{kN}$。

（2）四层安装 4 根管式端锚、预应力、注浆全长锚固复合锚杆，底部安装 2 根压剪筒压力型锚索，每根长 14m，均不计入本层服务。

本层有效管式端锚、预应力、注浆全长锚固复合锚杆长 24.5m，有

效压剪筒压力型锚索长 27m，提供的锚固力 $P_{锚4}$ 为

$$P_{锚4} = 39\,\mathrm{kN/m} \times (24.5\mathrm{m} + 27\mathrm{m}) \approx 2009\mathrm{kN}$$

本层有效支护抗力 $P_{抗4}$ 为

$$P_{抗4} = 2009\mathrm{kN} + 140\mathrm{kN} = 2149\mathrm{kN}$$

由于 2149kN＞1505kN，满足设计要求。

5）五层支护参数

$$h_5 = 19\mathrm{m}\,,\ \ L_{\mathrm{BC5}} = 6.7\mathrm{m}\,,\ \ s_{滑5} = 25.8\mathrm{m}^2$$

（1） $P_{超5} = 140\mathrm{kN}$，$W_5 = 4119\mathrm{kN}$，$W_{\mathrm{t5}} = 3531\mathrm{kN}$，$W_{\mathrm{F5}} = 1128\mathrm{kN}$，$c_{阻5} = 645\mathrm{kN}$，$P_{\gamma5} = 3170\mathrm{kN}$。

（2）本层安装 4 根管式端锚、预应力、注浆全长锚固复合锚杆，底部安装 2 根压剪筒压力型锚索，每根长 12m，均不计入本层服务。

本层有效管式端锚、预应力、注浆全长锚固复合锚杆长 66m，有效压剪筒压力型锚索长 46m，提供的锚固力 $P_{锚5}$ 为

$$P_{锚5} = 39\,\mathrm{kN/m} \times (66\mathrm{m} + 46\mathrm{m}) = 4368\mathrm{kN}$$

本层有效支护抗力 $P_{抗5}$ 为

$$P_{抗5} = 4368\mathrm{kN} + 140\mathrm{kN} = 4508\mathrm{kN}$$

由于 4508kN＞3170kN，满足设计要求。

6）六层支护参数

$$h_6 = 21\mathrm{m}\,,\ \ L_{\mathrm{BC6}} = 7.4\mathrm{m}\,,\ \ s_{滑6} = 28.5\mathrm{m}^2$$

（1）本层开挖深度为 2m，超前支护桩的入土深度为 4m，由此求得

$P_{超6} = 393\mathrm{kN}$，　$W_6 = 5032\mathrm{kN}$，　$W_{\mathrm{t6}} = 4313\mathrm{kN}$，$W_{\mathrm{F6}} = 1378\mathrm{kN}$，$c_{阻6} = 713\mathrm{kN}$，$P_{\gamma6} = 3947\mathrm{kN}$。

（2）本层安装 2 根管式端锚、预应力、注浆全长锚固复合锚杆，施工抗滑桩。抗滑桩完成施工后，施工抗滑桩上面的第一排锚索（压剪筒压力型锚索），待锚索完成预应力张拉锁定后才能开挖 7 层土，以上均不计入本层服务。

本层有效管式端锚、预应力、注浆全长锚固复合锚杆长 53m，有效压剪筒压力型锚索长 60m，提供的锚固力 $P_{锚6}$ 为

$$P_{锚6} = 39\,\text{kN/m} \times (53\text{m} + 60\text{m}) = 4407\text{kN}$$

本层有效支护抗力 $P_{抗6}$ 为

$$P_{抗6} = 4407\text{kN} + 393\text{kN} = 4800\text{kN}$$

由于 $4800\text{kN} > 3947\text{kN}$，满足设计要求。

7）七层支护参数

$$h_7 = 23\text{m}，\quad L_{BC7} = 8.1\text{m}，\quad s_{滑7} = 31.3\text{m}^2$$

（1） $P_{超7} = 393\text{kN}$， $W_7 = 7749\text{kN}$， $W_{t7} = 6642\text{kN}$，

$W_{F7} = 2122\text{kN}$， $c_{阻7} = 783\text{kN}$， $P_{\gamma7} = 7058\text{kN}$。

（2）7 层开挖后安装 2 根抗滑桩上面的锚索，不计入本层服务。

本层有效压剪筒压力型锚索长 56m，有效管式端锚、预应力、注浆全长锚固复合锚杆长 53.5m，提供的锚固力 $P_{锚7}$ 为

$$P_{锚7} = 4270\text{kN}$$

抗滑桩提供的抗力有

入土桩长 L_7=10m−1m=9m

$$c_{u7} = \left(\frac{23\times9}{2}\times\tan 28^\circ + 25\right)\times\frac{1}{2}\text{kN/m}^2 \approx 40\text{kN/m}^2$$

$$P_{u7}=9\times40\times0.8\times(9-1.5\times0.8)\text{kN}=2246.4\text{kN}$$

$$P_{桩7}=2246.4\text{kN}\times2\approx4493\text{kN}$$

本层压剪筒压力型锚索提供锚固力 $P'_{锚7}$ 为

$$P'_{锚7}=36\times16\text{kN}=576\text{kN}$$

本层超前桩提供抗力 $P_{超7}$ 为

$$P_{超7}=393\text{kN}$$

本层有效支护抗力 $P_{抗7}$ 为

$$P_{抗7}=393\text{kN}+576\text{kN}+4493\text{kN}+4270\text{kN}=9732\text{kN}$$

由于9732kN＞7058kN，满足设计要求。

8）八层支护参数

$h_8=24.5\text{m}$，$L_{BC8}=8.4\text{m}$，$s_{滑8}=33.3\text{m}^2$

（1）$W_8=8793\text{kN}$，$W_{t8}=7537\text{kN}$，$W_{F8}=2408\text{kN}$，$c_{阻8}=833\text{kN}$，$P_{\gamma8}=8065\text{kN}$。

（2）本层压剪筒压力型锚索有效长度 86.5m，管式端锚、预应力、注浆全长锚固复合锚杆有效长度 42m，提供锚固力 $P_{锚8}$ 为

$$P_{锚8}=39\text{kN/m}\times(86.5\text{m}+42\text{m})=5011.5\text{kN}$$

抗滑桩提供抗力有

$$c_{u8}=\left(\frac{23\times7.5}{2}\times\tan28^\circ+25\right)\times\frac{1}{2}\approx35.4\text{kN/m}^2$$

$$P_{u8}=9\times35.4\times0.8\times(7.5-1.5\times0.8)\text{kN}\approx1605.7\text{kN}$$

$$P_{桩8}=1605.7\times2\text{kN}=3211.4\text{kN}$$

本层有效支护抗力$P_{抗8}$为

$$P_{抗8} = 5011.5\text{kN} + 3211.4\text{kN} = 8222.9\text{kN}$$

由于8222.9kN＞8065kN，满足设计要求。

说明：本例是为了演示岩土边坡动态设计的过程。上述计算完全可由计算机程序迭代完成。

10. 稳定性验算

边坡以往的稳定验算主要注重倾倒、底部滑动的验算。2010 年本书作者提出预应力锚索加固黏性土坡设计分析（孙凯 等，2010），指出预应力锚索加固的边坡破坏模式很可能在锚索底部产生裂滑导致锚索系统失稳。基于此，本例稳定验算如下：

如图 10-2 所示，当锚固系统失稳时将沿 *OAB* 产生滑动。将滑体分解成 *A*、*B* 2 个块体。*A* 块由于$\beta_1 = 63°$，大于稳定角，将产生一个滑动力$P_{滑}$。*B* 块由于$\beta_2 = 23°$，小于稳定角，将产生一个阻滑力$P_{阻}$。如果$P_{滑} > P_{阻}$将会失稳。如果$P_{滑} < P_{阻}$边坡不会失稳。计算表明，本例$P_{阻} > P_{滑}$，因此边坡是稳定的。

参 考 文 献

卡姆克 E，1977. 常微分方程手册[M]. 张鸿林，译. 北京：科学出版社.

刘宝琛，1977. 喷射混凝土支护作用机理的初步探讨[J].有色金属（采矿部分）（3）:34-42，59.

刘宝琛，1979. 喷射混凝土支护的作用机理[J]. 金属学报，15（3）:305-318.

美国交通部联邦公路总局，2000. 土钉墙设计施工与监测手册[M]. 佘诗刚，译. 北京：中国科学技术出版社.

斯科特，1983. 土力学及地基工程[M]. 钱家欢，等译. 北京：水利电力出版社.

孙凯，孙学毅，2010. 预应力锚索加固黏性土坡设计分析[J]. 预应力技术（3）：19-20.

孙学毅，1980. 软弱或破碎岩体中巷道锚喷支护分析[C]//中国金属学会. 第一次全国岩石力学与工程学术大会论文集. 北京：冶金工业出版社.

孙学毅，1985. 膨胀岩特性研究及其在工程中的应用[J]. 岩土工程学报，7（2）：46-55.

孙学毅，2004a. 喷锚支护位移监控理论分析及工程实例[J].预应力技术，6:19-22.

孙学毅，2004b. 边坡加固机理探讨[J]. 岩石力学与工程学报，23（16）：2818-2823.

太沙基 K，1960. 理论土力学[M]. 徐志英，译. 北京：地质出版社.

徐芝纶，1982. 弹性力学[M]. 北京：人民教育出版社.

徐志英，1993. 岩石力学[M]. 3 版. 北京：水利电力出版社.

中华人民共和国住房和城乡建设部，2019. 建筑基坑工程监测技术标准：GB 50497—2019[S]. 北京：中国计划出版社.

朱维申，何满潮，1995. 复杂条件下围岩稳定性与岩体动态施工力学[M]. 北京：科学出版社.

BELL A L, 1915. The lateral pressure and resistance of clay and the supporting power of clay foundations[J]. Minutes of the Proceedings(199):306-336.

RANKINE W J M, 1857. On the stability of loose earth[J]. Philosophical Transactions of the Royal Society of London (147):9-27.

附录 1　竖向短桩横向受力分析

1990 年以来将锚杆墙用于基坑工程支护，很多情况面对软黏土中开挖基坑。2004 年本书作者发明“地面开挖控制变形工法”（专利号：2L02124984.9）。工法中采用超前支护和用短桩加强底部支护。计算桩的极限抗力采用布罗姆斯的方法。此外，边坡工程加固也常采用抗滑桩（这也是竖向短桩横向受力结构）。基于此，将此方法放于附录中，以供工程设计中参考。

1. 横向推力分布力学模型

软黏土基坑，通常在 5m 深壁面土体已经开始屈服。此时应该设置超前短桩进行支护约束土体侧向位移。这样就把问题归结到竖向短桩受横向（水平）推力的分析。首先碰到的就是水平沿竖向（z）的分布问题。为了简化计算，工程中采用朗肯土压力线性分布。

$$P = f(z) \tag{附 1-1}$$

土体处于极限平衡状态作用到竖向桩的力按线性分布计算的方法有雷斯方法和布罗姆斯方法等。

2. 雷斯方法

当具有一定刚度的桩上作用有水平力时，土体中就产生以某一点 C 为中心的刚体转动，在 C 点以上，桩的前面受有被动土压力，背面受有主动土压力，在 C 点以下相反，背面受有被动土压力，前面受有主动土压力并形成平衡。假定水平推力按朗肯土压力分布，如附图 1-1 所示，其中 M_0 为力矩。

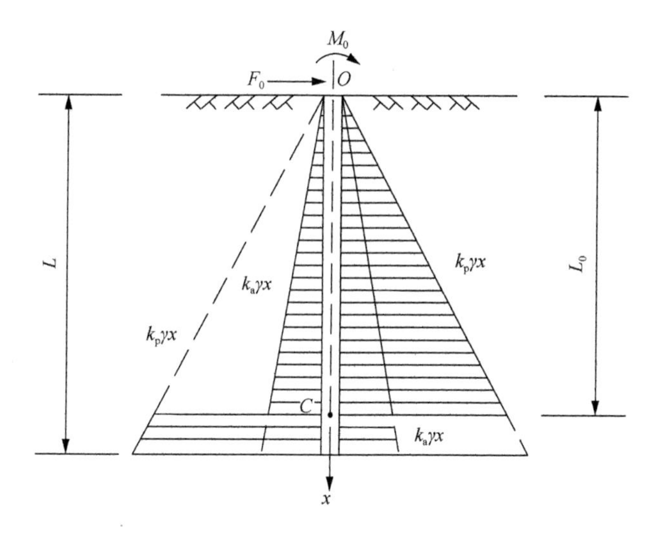

附图 1-1　竖向短桩水平受力（雷斯方法）

由对 O 点的力矩平衡得出：

$$\frac{1}{2}\left(k_p-k_a\right)\gamma B\left(2L_0^2-L^2\right)=H_0 \tag{附 1-2}$$

$$\frac{1}{3}\left(k_p-k_a\right)\gamma B\left(L^3-2L_0^3\right)=M_0 \tag{附 1-3}$$

式中：k_p——被动土压力系数，$k_p=\dfrac{1+\sin\varphi}{1-\sin\varphi}$；

k_a——主动土压力系数，$k_a=\dfrac{1}{k_p}$；

γ——土体容重；

B——桩宽度；

L_0——回转中心深度；

L——桩长度；

F_0——作用在桩端的水平推力。

联立式（附 1-2）和式（附 1-3）两式可求出 L 和 L_0，即

$$\begin{cases} 4L_0^6 - 12\alpha L_0^4 - 4\beta L_0^3 + 6\alpha^2 L_0^2 = \alpha^2 + \beta^2 \\ L = \sqrt{2L_0^2 - \alpha} \\ \alpha = \dfrac{2F_0}{\left(k_p - k_a\right)\gamma B} \\ \beta = \dfrac{6M_0}{\left(k_p - k_a\right)\gamma B} \end{cases} \tag{附 1-4}$$

在桩上产生的最大弯矩为

$$M_{\max} = -\left(e + \frac{2}{3}x_0\right)F_0$$

式中，$e = \dfrac{M_0}{F_0}$，$x_0 = \sqrt{\dfrac{2F_0}{\left(k_p - k_a\right)\gamma B}}$。

若桩上作用水平力时在桩底部发生刚体倾斜，则问题大为简化，即

$$\frac{1}{2}\gamma B L^2 \left(k_p - k_a\right) = F_0 \tag{附 1-5}$$

若设计给出 H_0，则所需的桩长

$$L = \sqrt{\frac{2F_0}{\gamma B\left(k_p - k_a\right)}} \tag{附 1-6}$$

3. *布罗姆斯方法*

在黏性土中的桩，如果作用水平力，则由于地面附近的地基土受到破坏，地基土向上方隆起而使地基反力减小，其分布如附图 1-2（b）所示。设桩的宽度为 B，忽视地表面以下 1.5B 深度以内桩的作用，如附图 1-2（c）所示。在 1.5B 深度以下假定为塑性区域的地基反力分布，其值为 $9c_uB$，则

$$P_u = 9c_u B(L-1.5B) \tag{附 1-7}$$

式中：P_u——单桩水平极限承载力；

B——桩宽度，（m）；

L——桩长度（m）；

c_u——不排水抗剪强度。其值相当于不排水单轴压缩强度 q_u 的 1/2。

$$c_u = \left(\frac{\gamma L}{2}\cdot\tan\varphi + c\right)\Big/2$$

γ——土体容重，kN/m^3；

c——土体黏结力，kN/m^2；

φ——土体内摩擦角，（°）。

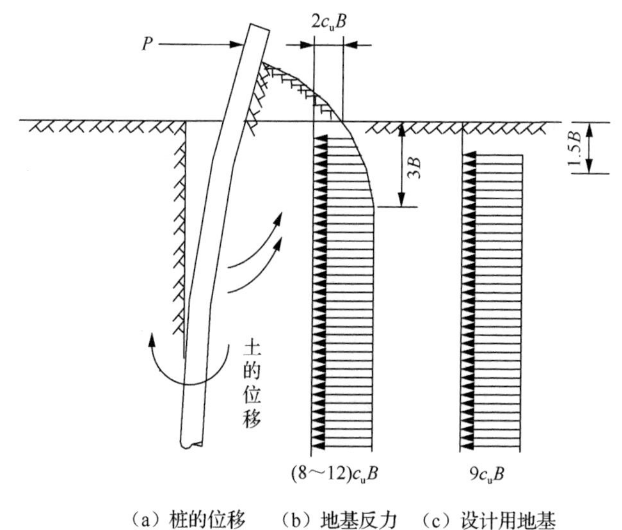

P—水平推力。

附图 1-2　黏性土中桩的地基反力分布（按布罗姆斯方法）

4. 对以上两种计算竖向桩水平极限抗力方法的讨论

1）雷斯方法

雷斯计算土中竖向桩受水平力作用时地基土给的反力就是朗肯被动土压力和主动土压力之差，在短桩条件下桩身不存在反弯点，即桩在底部发生倾斜，则计算大为简化，此时

$$\frac{1}{2}\gamma BL^2\left(k_p-k_a\right)=F_0 \tag{附 1-8}$$

当设计给出 F_0 且桩径已确定，则桩长为

$$L=\sqrt{\frac{2F_0}{\gamma B\left(k_p-k_a\right)}} \tag{附 1-9}$$

此处雷斯未考虑桩头受约束的条件。

2）布罗姆斯方法

布罗姆斯试验研究得出黏土中短桩受水平力作用时从地表面起至近似于 $3B$ 深度内地基反力呈梯形分布，由此假定桩长 L 在 $L-1.5B$ 范围内反力呈 $9c_uB$ 常数分布，则桩的极限抗力为

$$P_u=9c_uB(L-1.5B) \tag{附 1-10}$$

当每根桩所承担的极限载力 P_u 及桩径已确定时，设计的桩长为

$$L=\frac{P_u}{9c_uB}+1.5B$$

以上两种方法比较之后，本书作者倾向布罗姆斯方法。雷斯方法只有在地表排桩桩头无约束条件下可用。

附录 2　锚杆墙面层作用分析

附录 2 中主要对锚杆墙做塑性分析。因为本书作者水平所限及缺少现场观测资料，分析尚属于探讨阶段。

锚杆墙是由土体、全长锚固锚杆组成的复合材料的构筑物。锚杆墙包括土体、全长锚固锚杆和面层。锚杆墙的修建过程是随着土体分层开挖、分层安装锚杆、分层施工面层。面层由钢筋网与喷射混凝土构成，当面层与锚杆外露端焊接完成之后面层即进入服务状态。以往的认识认为面层主要起防护作用。防护锚杆墙表面松散、破裂的土体掉落。本书作者在本书前面对面层的传递应力和转移能量作用进行了文字描述。现根据美国交通部联邦公路总局《土钉墙设计施工与监测手册》公布的锚杆墙服务期间锚杆轴向力分布曲线（附图 2-1），对锚杆墙面层作用进行探讨。

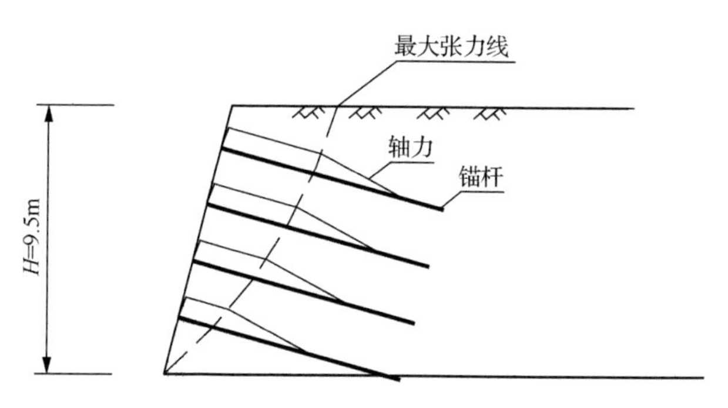

附图 2-1　锚杆墙服务期间锚杆轴向力分布曲线

1. 锚杆墙服务期间锚杆状态分析

从附图 2-1 可以看出，最大张力线外侧（活动区）锚杆轴向力沿杆体近于均匀分布，说明这部分锚杆侧壁剪应力基本为 0，只有轴向力，相当于直杆受拉状态。那么拉力是如何产生的？分析认为锚杆墙设计时锚杆外露端是与面层钢筋网焊接，要求焊接强度大于锚杆体的拉断强度。因此当面层阻挡活动区土体外移时，锚杆受拉，此时锚杆侧壁已经与孔壁之间发生剪切破坏，只有轴向拉力。活动区部分锚杆的拉力必然传递给抵抗区内锚杆部分，同时通过这部分锚杆体侧壁剪应力将能量转移给土体，使土体与锚杆组成的复合体寻求新的平衡状态。

2. 锚杆墙服务期间锚杆受力分析

1）力学模型

锚杆墙服务期间锚杆受力模型如附图 2-2 所示。

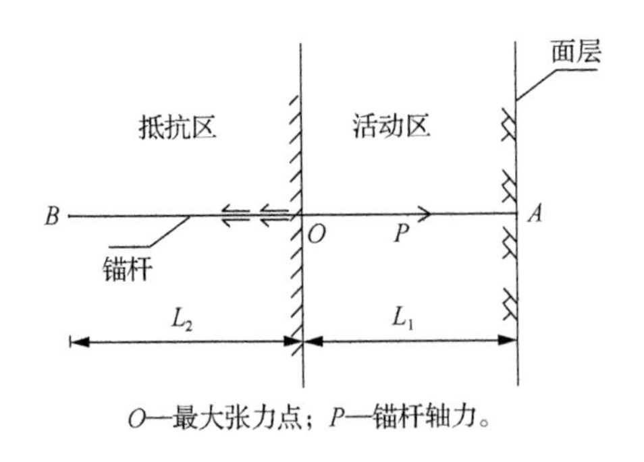

O—最大张力点；P—锚杆轴力。

附图 2-2　锚杆墙服务期间锚杆受力模型

2）锚杆受拉分析

情况Ⅰ：已知 OA 为等截面杆截面面积为 S，长为 L_1，在无侧向约束条件下受拉力 P 作用。假定应力与应变服从胡克定律，则

$$P = \varepsilon \cdot E \cdot S = \frac{\Delta L_1}{L_1} \cdot E \cdot S \tag{附 2-1}$$

式中：ΔL_1 ——锚杆伸长量；

E ——锚杆弹性模量；

S ——锚杆截面面积；

ε ——杆体应变。

因此，只要在现场测得 ΔL_1 即可求出 P。

情况Ⅱ：由于作用力与反作用力大小相等，方向相反，则 OB 段锚杆力应为 $-P$ 。

由于 OB 段锚杆侧壁受剪应力约束，应力与应变关系不服从胡克定律。假定应力 σ 与应变 ε 之间的关系为幂函数，即 $\sigma = c\varepsilon^n$（c 为系数）。由此可以看出：这类似于受静不定支承的杆，解此问题需要平衡条件、弹性定律、运动关系和边界条件。

平衡条件：
$$\frac{\mathrm{d}P}{\mathrm{d}x} = -\sigma \tag{附 2-2}$$

弹性定律：
$$\varepsilon = \frac{\sigma}{E}\text{（不计变温影响）} \tag{附 2-3}$$

运动关系：
$$\varepsilon = \frac{\mathrm{d}u(x)}{\mathrm{d}x} \tag{附 2-4}$$

上述式中：E——锚杆弹性模量；

$u(x)$ ——锚杆截面面积位移；

P ——锚杆轴向拉力。

锚杆轴力基本方程可归结为对于位移的一个微分方程，即

$$(EAu')' = -\sigma \tag{附 2-5}$$

锚杆的伸长 ΔL

$$\Delta L = u(L) - u(0) = \int_0^{L_2} \varepsilon \mathrm{d}x \tag{附 2-6}$$

上述式中：u'——位移导数；

A——系数；

L_2——抵抗区锚杆长度。

3）抵抗区锚杆轴向（z）力分布规律

情况Ⅰ：假定锚杆底端处（z=0）$\sigma_z=0$，最大张力点处（$z=L_2$）$\sigma_z=\dfrac{\Delta L}{L}E$。这是最简单的线性分布。

情况Ⅱ：由于活动区内土体不对锚杆侧壁存在约束力，在力学上可忽略活动区土体侧向作用。此时将问题可归结为半无限体表面受法向集中力作用，这是著名的布西内问题。

z 向应力分布为

$$\sigma_z=-\frac{3Pz^3}{2\pi r^5} \tag{附 2-7}$$

式中：P——集中法向（z 向）力；

r——距 O 点距离，$r=\sqrt{x^2+y^2+z^2}$。

在 z 轴上，$x=y=0$，则 $r=z$，上式简化为

$$\sigma_z=-\frac{3P}{2\pi z^2} \tag{附 2-8}$$

由式（附 2-8）可知，应力 σ_z 沿 z 向与远离最大张力点距离平方（z^2）成反比。

情况Ⅲ：将问题归结为无限体内一点受集中力作用。这个问题称开尔文问题。

z 向应力为

$$\sigma_z=-\frac{E}{2(1-\mu^2)}B\left[\frac{(1-2\mu)z}{r^3}-\frac{3z^3}{r^5}\right] \tag{附 2-9}$$

式中：μ——锚杆体泊松系数；

B——变量，$B=\dfrac{(1+\mu)P}{4\pi E}$。

在锚杆轴线上，$x=y=0$，则式（附 2-9）简化为

$$\sigma_z=-\frac{E}{2(1-\mu^2)}B\left[\frac{(1-2\mu)}{z^2}-\frac{3}{z^2}\right] \tag{附 2-10}$$

从式（附 2-10）结果可以看出σ_z分布规律与式（附 2-8）的分布规律基本相同，即应力σ_z与远离最大张力点的距离平方（z^2）成反比。由此可知，情况 I 的假设与实际情况相差较大，不可取。

4）弹塑性杆

此处只考虑弹性-理想塑性的杆件，当杆件在未屈服以前

$$\sigma=E\varepsilon \qquad |\varepsilon|\leqslant\varepsilon_s \tag{附 2-11}$$

当杆体已屈服

$$\sigma=\sigma_s\mathrm{sign}(\varepsilon) \qquad |\varepsilon|\geqslant\varepsilon_s \tag{附 2-12}$$

式中：σ_s——屈服应力；

ε——杆体应变；

ε_s——屈服应变。

5）锚杆服务过程状态判定

状态是指锚杆处于弹性阶段还是处于弹塑性阶段。

（1）活动区内锚杆弹性极限伸长量计算。

根据弹性力学有

$$\Delta L_1=\frac{\sigma_s L_1}{E} \tag{附 2-13}$$

现举例计算。

给定一根设置在锚杆墙内全长锚固锚杆，长 10m，活动区部分长 4m，抵抗区部分长 6m，采用 $\phi 68\times 4$ 热轧无缝钢管作杆体，截面面积 $8\times 10^{-3}\text{m}^2$，弹性模量 $E=2\times 10^5\text{MPa}$，屈服应力 $\sigma_s=200\text{MPa}$，屈服应变 $\varepsilon_s=1\times 10^{-3}$。

由此求得

$$\Delta L_1=\frac{200\text{MPa}\times 4\text{m}}{2\times 10^5\text{MPa}}=4\text{mm}$$

（2）抵抗区锚杆受力分析式（附 2-13）不适用于抵抗区内锚杆伸长量的计算。因为锚杆侧壁受剪应力约束。根据布西内和开尔文解答抵抗区内锚杆轴向力传递深度很有限。

锚杆受力主要集中在最大张力点附近。此时我们要关注一个事实：活动区锚杆与抵抗区锚杆处于平衡状态，这说明抵抗区锚杆调动了土体的作用，将能量转移给土体，使土与锚杆组合而成的复合材料处于新的平衡状态。

（3）小结。前面分析表明，锚杆伸长量主要是活动区锚杆的伸长。本书作者建议以活动区锚杆弹性极限伸长量作为判别锚杆墙内锚杆的工作状态。现场测得锚杆伸长量小于或等于活动区锚杆计算弹性极限伸长量时，锚杆处于弹性服务阶段。若现场测得的锚杆伸长量大于活动区锚杆计算求得的弹性极限伸长量，则锚杆墙内锚杆处于弹-塑性服务阶段。